变电站220kV 线路控制和信号精解

国网浙江省电力有限公司　朱永昶　编著

中国电力出版社
CHINA ELECTRIC POWER PRESS

内 容 提 要

本书专门讨论变电站 220kV 线路的控制和信号技术，采用生产现场所用图纸，着重说明现场的实际做法。选择断路器压力闭锁、电气防跳等重要回路，以及诸如二次回路中信号合并、屏间连线、屏内连线、断路器辅助开关动作时序、断路器三相不一致等现场运维人员最为困惑的技术难点，结合实例或用专门章节进行详细分析。本书采用完整回路和多层传递的方法来分析二次回路，也适用于其他类型间隔二次回路的分析。

本书可供具有一定基础的调控中心监控人员和变电站运维人员学习阅读，也可供电力类院校高年级师生参考。

图书在版编目（CIP）数据

变电站 220kV 线路控制和信号精解/国网浙江省电力有限公司，朱永昶编著 . —北京：中国电力出版社，2019.7
ISBN 978-7-5198-3435-7

Ⅰ . ①变⋯ Ⅱ . ①国⋯ ②朱⋯ Ⅲ . ①变电站－控制电路 ②变电所－信号分析 Ⅳ . ①TM63

中国版本图书馆 CIP 数据核字（2019）第 147500 号

出版发行：中国电力出版社
地　　址：北京市东城区北京站西街 19 号（邮政编码 100005）
网　　址：http://www.cepp.sgcc.com.cn
责任编辑：刘丽平（010-63412342）
责任校对：黄　蓓　闫秀英
装帧设计：赵姗姗
责任印制：石　雷

印　　刷：三河市百盛印装有限公司
版　　次：2019 年 11 月第一版
印　　次：2019 年 11 月北京第一次印刷
开　　本：787 毫米×1092 毫米　16 开本
印　　张：11.75
字　　数：259 千字
印　　数：0001—2000 册
定　　价：50.00 元

前　言

　　变电站二次回路教学和培训存在两大难题：一是专业分隔、不成系统；二是偏重理论和标准，离现场实际较远。其结果是虽历经学习和培训，但一碰到具体问题仍理不清头绪，更无法准确判断、快速定位故障。为尝试解决这个难题，特著此书。

　　本书专门讨论典型 220kV 线路的控制和信号技术，完全采用生产现场所用图纸，着重说明现场的实际做法，力求分析透彻。提炼出的分析方法具有通用性，能够举一反三，适用于分析其他电压等级线路和设备。当然，作为主要的供电线路，220kV 线路保有量庞大，本身就很有研究价值。因此，本书有以下三个显著特点：

　　第一，注重系统性和全面性。分析了一个 220kV 线路间隔所有光字信号开入测控装置的完整回路，彻底打通站控层、间隔层和过程层之间的信息通道。读者可在获得整体认识的基础上进一步学习，并掌握最为实用的间隔级回路分析方法。

　　第二，直面技术进步带来的变化。面对设备和技术的升级换代、技术标准的推陈出新使现场二次回路所呈现的多样性，对比分析了断路器压力闭锁、电气防跳等重要回路。读者能从中感受技术的进步，并领悟控制和信号技术中的"法无定法，然后知非法法也"。

　　第三，解决现场运维人员最为困惑的技术难点。选择了诸如二次回路中信号合并、屏间连线、屏内连线、断路器辅助开关动作时序、断路器三相不一致等疑难问题，结合实例或用专门章节进行详细分析。

　　全书分为九章：第一章介绍变电站三个发展时期控制技术的概况；第二章介绍本书所研究的典型线路间隔的设备配置和相关背景；第三章介绍二次回路重要常识，除读图技巧外，重点介绍了真空辅助开关、分合闸线圈、磁保持继电器和时间继电器等重要二次元件；第四章分析断路器控制回路；第五章分析隔离开关和接地开关控制闭锁回路；第六章分析来自保护和测控装置的光字信号；第七章分析来自配电装置的光字信号；第八章介绍间隔事故总信号和操作箱面板指示灯信息；第九章简述常规 GIS 变电站线路间隔控制和信号。

　　本书根据作者长期从事变电生产和培训教学的体会，提出并采用完整回路和多层传递的方法来分析二次回路，有助于监控人员、运维人员快速提升变电站二次回路分析能力。因此，本书可供有一定基础的调控中心监控人员和变电站运维人员学习阅读，也可作为电力类院校高年级师生的参考书。

　　由于作者水平有限，错漏之处在所难免，恳请读者朋友不吝指正！

作　者

2019.10

目　录

第一章

概　　述

　　我国正处在一个变电站技术多元化发展的时代，变电站基本上可分为传统变电站、综合自动化变电站（常规变电站）和智能变电站三种。其中，基于强电控制的传统变电站数量会越来越少，常规变电站数量最大并将逐步改造升级实现智能化，智能变电站将成为主流。由于变电站技术存在明显的传承性，因此在这几种变电站中，起着承前启后作用的常规变电站具有重要的研究价值。

　　本章将简要分析三种变电站的控制和信号技术，作为全书的开篇。这里所说的变电站控制技术是指从变电站监控和运维角度出发，涵盖自动化专业的监控和测控、二次专业的断路器和隔离开关的二次回路、继电保护专业的保护外回路等，强调在全站范围内进行分析的系统级控制技术。变电站信号技术则是在变电站控制技术基础上实现的，更具综合性和系统性。

第一节　变电站中的一次设备

　　无论电压等级高低，变电站都属于电力系统中变换电压、接受和分配电能、控制电力的流向和调整电压的电力设施。变电站通过变压器将各级电压的电网联系起来，先把电压升高，将发电厂发出来的电能输送到较远的地方，到用户附近时再按需要把电压降低，以供用户使用。各类变电站基本的一次设备配置类型都是一样的，主要设备都是变压器和断路器。

　　二次设备是对一次设备进行监视、测量、控制、调节和保护的电气设备，包括测量仪表、继电保护装置、安全自动装置等。二次设备通过 TV 和 TA 与一次设备取得电的联系。

　　分析二次回路前一定要先了解其所服务的一次设备和系统。

一、快速了解一座变电站的方法

要想快速了解一座变电站，方法是先看主接线再看配电装置。

1. 主接线

主接线直观反映了变电站在电力系统中所处的地位，以 220kV 变电站的 220kV 电压等级为例，可分为下列几种接线情形：

（1）当在系统中居重要地位、出线回路数为 4 回及以上时，宜采用双母线接线。

（2）当出线和变压器等连接元件总数为 10~14 回时，可在一条母线上装设分段断路器；15 回及以上时，在两条母线上装设分段断路器。

（3）一般性质的 220kV 变电站，其出线回路数在 4 回及以下时，可采用其他简单的接线。

（4）220kV 终端变电站的配电装置在满足运行要求的前提下，宜采用断路器较少的或不用断路器的接线，如线路变压器组或桥形接线。当电力系统继电保护能够满足要求时，也可采用线路分支接线。

2. 配电装置

配电装置是主接线的实物呈现，是一种在正常运行时用来接受和分配电能，在发生事故时用来快速切除故障恢复非故障部分运行的电工构筑物。

220kV 电压等级的配电装置按结构形式可分为装配式配电装置和成套配电装置。其中，装配式配电装置通常为空气绝缘敞开式开关设备（Air Insulated Switchgear，AIS）类型，成套配电装置通常为气体绝缘金属封闭开关设备（Gas Insulated metal-enclosed Switchgear，GIS）或复合式气体绝缘金属封闭开关设备（Hybrid Gas Insulated metal-enclosed Switchgear，HGIS）类型。在土地资源稀缺的今天，成套配电装置得到广泛应用。

本书讨论的 220kV 小荷变电站属于地区变电站，220kV 电压等级有 6 回出线和 2 台主变压器，因此采用双母线接线。因建造年代略早，220kV 配电装置采用 AIS 型。

二、二次设备和一次设备的关系

继电保护和安全自动装置的系统设计是在主接线方案确定后进行的，要满足电力网结构和变电站主接线的要求，并考虑电力网和变电站运行方式的灵活性。也就是说，一次系统设计方案决定了二次系统设计方案。

以 220kV 线路的继电保护和安全自动装置为例，基本的装设要求是按电压等级、出线情况配置线路保护、辅助保护、故障录波装置。在具体配置和整定时要根据一次系统考虑以下因素：

（1）母线型式：无母线（内桥、外桥或其他无母线型式）、有母线（单母线、双母线，是否有分段）。

（2）线路长度。

（3）线路两侧电源分布：单侧电源、双侧电源，以及电源的强弱。

（4）线路架设方式：架空线路、电缆线路、电缆架空混合线路，以及同杆架设情况。

（5）断路器数量：单断路器、3/2 断路器、双断路器，以及相关断路器的开断容量是否满足要求等。

🗼 第二节　变电站控制技术的发展阶段

变电站控制的含义可以理解为开关电器的分合闸操作，潮流、电压、绝缘气体气压、变压器油温等参数的监视、调节和越限应对。

变电站控制技术就是运用一定的控制机制和控制手段以实现变电站控制的经验、知识和技能，它和所属时代的生产力关系密切，并随生产力的发展而发展。

一、传统变电站阶段

1. 传统变电站的出现

变电站属于交流电技术，而交流电技术离不开电力变压器。具有现代实用性的电力变压器直到 1885 年才由美国人成功制造，因此变电站的历史不算太长。一直到 20 世纪 80 年代末，都属于传统变电站时期。在这个时期，电网中断路器主要采用油断路器。由于油断路器运行可靠性低、临修频繁，进行变电站设计时，在断路器的两侧均配置隔离开关，以便在断路器检修时形成可见断口以隔离高压，同时保持站内其他设备处于运行状态。

2. 传统变电站管理模式

在传统变电站时期，变电站采用有人值班管理模式。

例如，220kV 变电站的值班员分成 3～5 个值，轮流值班，每值 3～5 人，承担监盘、抄表、设备巡视、倒闸操作、异常及事故处理和其他运行工作。

3. 传统变电站控制技术

在传统变电站时期，所有间隔都是在主控室集中控制，控制电缆直接从各配电装置施放到主控室。220kV 变电站主控室的控制界面如图 1-1 所示。所有间隔的控制屏、中央信号屏、同期屏、边屏等通常布置在一起，呈弧形排列。在控制屏屏面上，从上到下先布置指示仪表，仪表下面布置光字牌，光字牌下面可布置一排转换开关，转换开关下面为按电压等级涂色的模拟接线，并在模拟接线相应位置布置红绿指示灯和控制开关。正常情况下，断路器操作都是在控制屏上进行，采用红绿指示灯按照不对应闪光原理来指示断路器状态。

图 1-1　传统变电站主控室的控制界面

在变电站二次设备和系统中，光字信号是运行人员发现、判断设备故障和进行缺陷异常处理的主要信息源和依据。在传统变电站中，光字信号以光字牌的形式存在。光字牌主要由继电器等硬件的触点触发，用内部的小灯照亮对应的字牌来反映，通常伴随有警笛或警铃声响告警以引起值班人员注意。警笛、警铃和中央信号装置安装在中央信号屏上，其作用是发出表示预告信号和事故信号的声响。

传统变电站的二次部分主要由继电保护、故障录波、就地监控和远动四大类装置组成。自动化系统采用传统模式，即远方终端（Remote Terminal Unit，RTU）加上当地监控（监视）系统（又称当地功能），再配以变送器、遥信转接、遥控执行、不间断电源（Uninterruptible Power Supply，UPS）等屏柜。用以布置这些二次设备的继电保护室一般邻近主控室。因此，传统变电站控制采用的是继电器—接触器技术，通过人为操纵各种主令电器，依靠继电器和接触器动作实现变电生产过程控制。

二、常规变电站（综合自动化变电站）阶段

1. 常规变电站的发展

第三次工业革命开创了"信息时代"，全球信息和资源交流变得更为迅捷。进入信息时代后，遥控技术等在变电站得到应用，变电站控制逐步走向自动化。变电站自动化系统分为集中式和分散式。在 20 世纪 80 年代，国外已有分散式变电站自动化系统问世，如西门子公司的 LSA678 于 1985 年在德国汉诺威投入运行。

在我国，自 1982 年起东北电管局在铁岭进行 220kV 变电站微机监测系统的研制工作，功能上已能满足电网生产运行的部分需要。1987 年，第一座 220kV 综合自动化变电站投入运行。但总体上我国的变电站自动化工作起步较晚，20 世纪 90 年代中期才开始研制分散式变电站自动化系统。

为与智能变电站区分，本书将综合自动化变电站称作常规变电站。

2. 常规变电站管理模式

常规变电站一般采用运维站或集控站管理模式。这两种模式的主要特点是变电站采用无人值班，运维站或集控站具有远方监控功能，负责无人值班变电站各种信号和运行情况的监视，根据调度命令进行倒闸操作、异常及事故处理以及工作许可、终结和验收，负责日常的运行管理等。

3. 常规变电站控制技术

进入常规变电站时期，变电站二次部分的面貌发生很大变化。

（1）变电站二次部分的硬件配置得以简化，避免了重复。突出的变化是各种数据在采集后可通过网络共享。例如，变电站后台监控和远动所需数据不再需要自己的采集硬件，可以从网络共享。

（2）常规的控制屏、中央信号屏等都被取消，二次屏被更多地布置在室外配电装置附近的继电保护室。主控室和继电保护室之间采用网线连接，控制电缆只施放到继电保护室，控制电缆的用量大幅减少。

（3）变电站各二次设备之间的互连线大幅减少。各间隔间除用通信媒介连成网络以外，相互间的连线极少，从而使变电站二次部分的连线变得简单和清晰。

（4）安装施工和维护工作量减少，总造价也有所降低。很多二次装置可在制造厂调试完毕，使得安装施工和现场调试的时间大大缩短，控制室面积和电缆数量也减少很多。

传统变电站中的灯光、音响信号回路全部取消，断路器的控制操作回路和重合闸功能都已集成到保护测控单元内部。中央信号屏被取消后，传统的光字牌也被监控后台机（工程师站）的虚拟光字牌取代。由于虚拟光字牌的信号既可取自现场硬件触点，也可由监控系统内部软件判断逻辑触发，组合灵活性非常高，因此，其提供给运维人员的信息内容与传统光字牌相比更为丰富。

常规变电站采用的是计算机控制技术，控制的自动化程度大幅提高。运维人员可在变电站或运维站通过后台屏幕对断路器、隔离开关、变压器分接头、电容器组进行远方操作；操作闭锁系统增加了微机"五防"功能；同期检测和同期合闸完全由微机测控装置实现。此外，顺序控制技术也得到了应用。

三、智能变电站阶段

（一）智能变电站的提出和演变

2009 年 5 月，国家电网公司正式发布了"坚强智能电网"发展战略，智能变电站正是坚强智能电网建设中实现能源转化和控制的核心平台之一。在智能变电站出现之前，出现过一种过渡性质的变电站，也就是以电子式互感器、电气量信息数字化采集、信息按照 IEC 61850 标准统一建模为主要内容的数字化变电站。

1. 第一座 220kV 智能变电站

位于山东青岛的 220kV 午山站是 2008 年建成的数字化变电站，在 2009 年被国家电网公司列为第一批智能化改造的试点项目。2010 年 10 月 9 日正式投入运行，是国内第一座 220kV 智能变电站。

午山变电站首次运用了纯光学互感器、智能巡检机器人、智能交直流一体化电源系统等，采用了可靠、先进、环保的智能设备及最新的自动化技术，增加了以变压器、断路器、避雷器为重点检测对象的在线状态自动监测系统。通过电学、光学、化学等技术手段对一次设备状态进行在线检测，实现了设备状态信息采集、传输、汇总、分析及可视化界面综合展示，具备了设备状态预警功能。改造后的变电站后台监控系统可根据变电站逻辑和推理模型，实现对告警信息的分类和信号过滤，自动报告设备异常并提出故障处理指导简报，为事故的快速处理提供了便利。

2. 智能变电站一体化监控

为解决智能变电站内部系统繁杂、不同系统之间信息交互困难、全站信息流不能随需求自由流通的问题，国家电网公司发布了 Q/GDW 678—2011《智能变电站一体化监控系统功能规范》和 Q/GDW 679—2011《智能变电站一体化监控系统建设技术规范》。

这两个规范把智能变电站一体化监控系统从功能上划分为运行监视、操作与控制、信息综合分析与智能告警、运行管理和辅助应用。其中，运行监视功能包括运行工况监视、设备状态监测和远程浏览；操作与控制功能包括调度控制、站内操作、无功优化、负荷控制、顺序控制、防误闭锁和智能操作票；信息综合分析与智能告警包括站内数据辨识、故障综合分析和智能告警；运行管理包括源端维护、权限管理、设备管理、定值管理和检修管理；辅助应用包括电源监控、安全防护、环境监测和辅助控制。

Q/GDW 678—2011《智能变电站一体化监控系统功能规范》提出了源端维护，即变电站作为调度系统数据采集的源端，应提供各种可自描述的配置参量，维护时仅需在变电站利用统一配置工具进行配置，生成标准配置文件，包括变电站主接线图、网络拓扑等参数和数据模型。变电站自动化系统和调度系统可自动获得变电站的标准配置文件，并自动导入到自身系统数据库中。变电站自动化系统的主接线图和分图图形文件，应以网络图形标准 SVG 格式提供给调度系统。

3. 新一代智能变电站

2012 年 1 月，国家电网公司提出研究与建设"占地少、造价省、可靠性高、建设效率高"的新一代智能变电站。同年 12 月底，国家电网公司启动首批 6 座新一代智能变电站示范工程建设，并于 2013 年底全部建成投运。这 6 座变电站中有 2 座是 220kV 变电站。

北京 220kV 未来城变电站：户内 GIS 变电站，220kV 和 110kV 采用小型化 GIS、有源电子式互感器，10kV 采用小型化充气式开关柜；站内构建层次化保护控制系统、一体化业务平台，采用 220kV 多功能测控装置、110kV 保护测控和非关口计量集成装置、10kV 多合一集成装置。采用预制式智能控制柜，保护测控装置就地分散布置。

重庆 220kV 大石变电站：户外 AIS 变电站，220kV 和 110kV 采用隔离断路器、有源电子式互感器，10kV 采用小型化充气式开关柜；站内构建层次化保护控制系统、一体化业务平台，采用 220kV 多功能测控装置、110kV 保护测控和非关口计量集成装置、10kV 多合一集成装置。取消常规配电室及二次设备室，采用预制舱式二次组合设备，110kV 保护测控装置采用前接线方式实现屏柜靠墙双列布置。

4. 保护就地化

2017 年 6 月，国家电网公司编制了《国家电网继电保护技术发展纲要》，开展保护就地化试点工作。就地化保护装置采用高防护、低功耗、一体化软硬件设计理念，功耗为传统的一半，体积为传统的 1/5。就地化保护装置集成合并单元和智能终端，以就地化、小型化、即插即用为特征，使保护动作时间缩短，光缆使用数量、保护屏柜数量大幅减少，整站安装调试时间也大幅缩短。

（二）智能变电站的管理模式

进入智能变电站阶段后，变电站生产管理上延续了常规变电站阶段的做法，即由一个运维站负责一片区域内的变电站。不同的是，这时期调度管理体制发生了较大变化，电力调度中心演变成电力调度控制中心，职责中增加了集中监控内容。为此，各级调度机构中增设了监控员岗位，负责监控设备的集中监视、信息处置和远方操作。按照最新的《国家电网调度控制管理规程》，要求运维人员巡视设备，如果发现异常和故障，在汇报调度员的同时还应告知监控员。

（三）智能变电站控制技术

智能变电站采用先进、可靠、集成和环保的智能设备，以全站信息数字化、通信平台网络化、信息共享标准化为基本要求，自动完成信息采集、测量、控制、保护、计量和检测等基本功能，同时，具备支持电网实时自动控制、智能调节、在线分析决策和协同互动等高级功能。为此，智能变电站的一、二次设备和系统采用了许多新设备、新技术，除了智能终端、合并单元和电子式互感器等，还出现了隔离断路器和二次设备预制舱等。

1. 隔离断路器

断路器是在正常回路条件下能够关合、承载和开断电流以及在规定的异常回路条件（例如短路情况下的回路条件）下能够关合、在规定的时间内承载和开断电流的机械开关装置。隔离开关在分闸位置能够提供符合规定要求的隔离距离。根据国外研究机构对电网设备运行情况的统计分析，断路器本体的平均检修周期约为13年，而隔离开关的平均检修周期约为6年。断路器的故障率已小于隔离开关，平均检修时间间隔已超过了隔离开关。随着断路器可靠性的不断提高，利用隔离开关来隔离高压电以进行断路器停电检修的检修策略和模式，已不再适用于电网的实际管理和发展需求。

隔离断路器是将断路器和隔离开关的功能合二为一，当触头处于分闸位置时满足隔离开关要求的断路器。252kV集成式智能隔离断路器为分相式，每相包括集成式智能隔离断路器、断路器操动机构、接地开关、接地开关操动机构、闭锁装置和智能化组件，隔离断路器结构如图1-2所示。

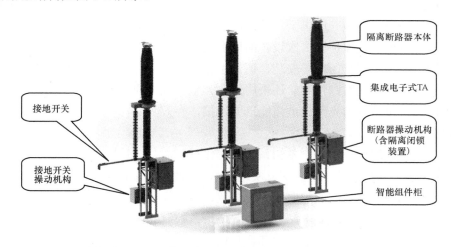

图1-2　252kV集成式智能隔离断路器整体结构示意图

操动机构中设有机械隔离闭锁装置，它是隔离断路器区别其他断路器的重要特征。这种隔离闭锁装置是一种防误操作闭锁装置，可将隔离断路器的断路器触头锁定在分闸位置。在隔离断路器分闸状态下投入该装置，可以防止任何电气或机械上的误操作而转入合闸状态。

2. 二次设备预制舱

这里以标准配送式智能变电站的二次设备预制舱为例进行简单介绍。二次设备预制舱是实现标准配送的关键设备，是一种新型的电力设备结构载体，简单来说就是制造厂把变电站二次设备在设备舱内拼装、调试好，再将成品运到现场，在与一次设备对接后即可投入使用。

图 1-3 标准配送式二次设备预制舱

配送式智能变电站取消了传统的主控室、继保室，以预制式组合二次设备舱代替。图 1-3 所示的是某站的 220kV 二次设备舱，从外形看，长约 12.2m，宽 2.44m，高 2.89m，和标准 40inch 集装箱差不多大小。舱内二次屏柜整齐排列，通风、照明、温湿度控制、空调、摄像头等配套设施一应俱全。在出厂前，配送式变电站二次设备完成入舱和集成调试，实现了对控制、保护等二次设备的标准化配置。舱体以集装箱模式直接在现场进行吊装安置，改变了原有的现场安装、调试工作方式，具有占地面积小、建设工期短、投资成本低等优点。同时，预制舱还采用预制光缆实现"即插即用"的标准化连接，使一次设备和二次设备间的光缆、电缆能迅速连接，有效降低现场施工安全风险，进一步提高装接效率。

就智能变电站的一、二次设备和系统的变化程度而言，目前主要变化体现在二次方面。比如在功能上由早期的各装置孤立实现向基于站域信息的功能重组和分配方向发展，原来的装置内部各插件之间的问题转变成装置之间的问题，并不断出现诸如站域控制、智能告警等新功能。在智能变电站配电装置现场，控制和信号回路还是采用常规变电站的电缆接线方式，机构箱、端子箱内部及其相互之间的二次回路的分析方法与常规变电站基本相同。但过程层以上部分因其所具有的显著的网络化通信特征以及 GOOSE（Generic Object-Oriented Substation Event）虚端子、虚端子逻辑连线概念的引入和使用，使得过程层以上部分的二次回路分析已经变成了报文分析。

但就总体而言，智能变电站在控制技术上的变化并不大，变化较大的是信息流路径。比如智能变电站的同期逻辑仍由测控装置完成，但测控装置的采样和出口都不再通过电缆接线的方式实现，而是基于光纤网络化通信的采样和控制。同时，由于缺乏直观有效的展示手段，运维人员不易掌握全站的二次虚回路、物理链路和装置间的关联关系，增加了对控制和信号回路的分析和故障定位的技术难度。不过，由于 GOOSE 输入、输出与传统端子排仍然存在对应关系，GOOSE 输入、输出端子定义是根据传统设计规范设计并提出的，所以扎实的常规变电站二次回路技术功底显得更为重要。

第三节 变电站控制技术的发展趋势

目前已投运的新一代智能变电站已实现了一次设备本体与在线监测传感器的集成，有关保护装置、测控装置、合并单元、智能终端的集成技术在不同电压等级的变电站均有使用，实现了一、二次设备的初步融合，未来将朝着一、二次设备完全一体化的方向发展。

一、智能变压器

智能变压器是一个能在智能系统环境下，通过网络和其他设备或系统进行交互的变压器。其内部嵌入的各类传感器和执行器在智能单元的管理下，能够保证变压器在安全、可靠、经济条件下运行。出厂时将该产品的各种特性参数和结构信息植入智能化单元，运行过程中利用传感器收集到的实时信息，自动分析目前的工作状态，与其他系统实时交互信息，同时接受其他系统的相关数据和指令，调整自身的运行状态。

二、横向集成和纵向集成

横向集成是将某间隔的合并单元和智能终端进行集成，或者将保护、测控甚至计量等进行集成，但与集成之前一样，受保护和自动化专业管理仍然是分开的影响，运维不便，因此目前主要应用于 220kV 变电站中的 110kV 电压等级。

为解决目前智能变电站中因保护装置、测控装置、合并单元和智能终端独立配置而导致的一些问题，比如装置数量多、数据交互环节多使得动作延时较常规保护装置增多，保护、测控模型存在强耦合等，有研究提出了 220kV 智能变电站设备纵向集成方案。以线路为例，该方案面向间隔集成了合并单元、智能终端、保护、测控等功能，解耦了保护与测控通信模型。将原先由 2 台合并单元、2 台智能终端、2 台线路保护装置和 1 台测控装置所完成的功能，通过将保护与测控功能分别在两台不同的纵向装置中实现，从而将装置数量减少到 2 台线路保护纵向集成装置和 1 台测控纵向集成装置。

三、智能控制

经过 60 多年的发展，得益于深度神经网络算法的突破，以及大数据存储和计算能力的飞速提升，人工智能已经迈入了第三次发展热潮。应用成熟的人工智能技术如专家系统来解决电力系统的实际问题，实用性是追求的主要目标。目前电力系统中人工智能的主要研究方向是电力系统发电预测、负荷预测、变电站的智能视频安全监控分析、无人机智能巡检等。

就变电站而言，对智能告警功能的需求更为迫切，智能告警也是智能变电站高级应用中的重要内容之一。传统的数据采集与监控（SCADA）系统只能告知二次设备动作或者故障信息；智能变电站试点工程阶段，智能告警也仅仅局限于一次设备和保护测控装置，所给出的分析结果也主要是故障原因等，但这些远远不能满足变电站的所有要求。智能变电站中的智能告警信息应根据保护动作信息、测量控制信息、一次设备状态监测信息等进行综合分析，通过一、二次设备相关信息的综合处理，给出更加清晰明确的结论，为运行监视人员提供指导和参考，帮助其快速定位故障位置和查明故障原因。

为实现智能控制，采用先进传感器对变电站环境量、物理量、状态量、电气量进行全面采集，同时充分应用现代信息技术，从而做到变电站状态全面感知、信息互联共享将是必然选择。

参 考 文 献

[1] 李劲彬，阮羚，陈隽. 应用于新一代智能变电站的隔离断路器 [J]. 电力建设，2014，35（1）：30-34.

[2] 中国电力百科全书编辑委员会. 中国电力百科全书电力系统卷 3 版 [M]. 北京：中国电力出版，2014.

[3] 金午桥. 变电站自动化系统的发展策略 [J]. 电力系统自动化，1999，23（22）：58-62.

[4] 张雁鸣. 变电站综合自动化的实践 [J]. 电力系统自动化，1996，20（2）：56-59.

[5] 杨奇逊. 变电站综合自动化技术发展趋势 [J]. 电力系统自动化，1995，19（10）：7-9.

[6] 崔浩杰，郭雪梅. 我国首座 220kV 智能变电站建成 [N]. 中国电力报，2010-11-30（2）.

[7] 樊陈，倪益民，窦仁辉，等. 智能变电站一体化监控系统有关规范解读 [J]. 电力系统自动化，2012，36（19）：1-5.

[8] Larsson J R，Solver C-E，Haglund L. Disconnecting Circuit Breaker Enables Smarter Substation Design [C]. 2010 IEEE PES Transmission and DistributionConference and Exposition：Smart Solutions for a Changing World，2010.

[9] 陈德辉，王丰，杨志宏. 智能变电站二次系统通用测试平台方案 [J]. 电力系统保护与控制，2016，44（1）：139-143.

[10] 丁峰，陆承宇. 基于 IEC 61850 标准的变电站防误闭锁工程应用 [J]. 电力系统保护与控制，2011，39（5）：124-127.

[11] 张敏，刘湘琼，范培培，等. 一种智能变电站手合检同期的方法 [J]. 电力系统自动化，2012，36（17）：82-85.

[12] 杨志宏，周斌，张海滨，等. 智能变电站自动化系统新方案的探讨 [J]. 电力系统自动化，2016，40（14）：1-7.

[13] 吴小忠，郑玉平，洪峰，等. 220kV 智能变电站设备纵向集成方案及其研制 [J]. 电力系统自动化，2017，41（18）：146-151.

[14] 韩祯祥，文福拴，张琦. 人工智能在电力系统中的应用 [J]. 电力系统自动化，2000：2-10.

第二章

小雨 2116 线间隔的设备和系统

分析变电站的控制和信号回路必须有的放矢，也就是常说的具体问题要具体分析。道理是很浅显的，虽然变电站都是按照某个时期的设计规程进行设计，选用的设备一般也是某个时期的主流设备，但由于规程、规范和反措在不断推陈出新，每座变电站都或多或少进行过技改，还或多或少存在扩建的情形，可以说每座变电站都是唯一的。因此，分析控制和信号回路必须先了解对象变电站的具体情况。只有这样才能够举一反三，将所得分析结论正确地引用到其他变电站。

本书是以 220kV 小荷变电站的小雨 2116 线为典型线路展开控制和信号回路分析的，而进行分析工作的前提是对这条线路的充分认识和把握。为此，本章首先介绍 220kV 小荷变电站的基本情况，然后详细介绍小雨 2116 线的一、二次设备配置和特点，作为后续章节的铺垫。

第一节 一次设备配置

一次设备是变电站的根本，分析二次回路的正确切入方法是先要了解一次设备的布置和特点。

一、220kV 小荷变电站简介

220kV 小荷变电站坐落于某省会城市的近郊，是一座 AIS 变电站。小荷变电站第一期工程于 2006 年底投运，经过两期建设，目前该站有 180MVA 三绕组主变压器两台，220kV 出线 6 回，110kV 出线 11 回，35kV 出线 4 回，变电站全貌如图 2-1 所示。

由图 2-1 可见，变电站北面布置了 220kV 配电装置，南面布置了 110kV 配电装置，西面建筑中布置了 35kV 屋内配电装置，西北角布置了控制楼，场地中间建筑是就地继保室。小荷变电站预留有第三、第四台主变压器的扩建场地，这也表明小荷变电站在系统中的地位比较重要。

二、220kV 小荷变电站主接线

设计规程规定 220kV 出线回路数为 4 回以上、110kV 出线回路数为 6 回以上时宜采用双母线，所以小荷变电站 220kV 和 110kV 系统的接线方式均为双母线接线，均装设专

用母联断路器；35kV 系统为单母线分段接线。

图 2-1　220kV 小荷变电站全貌

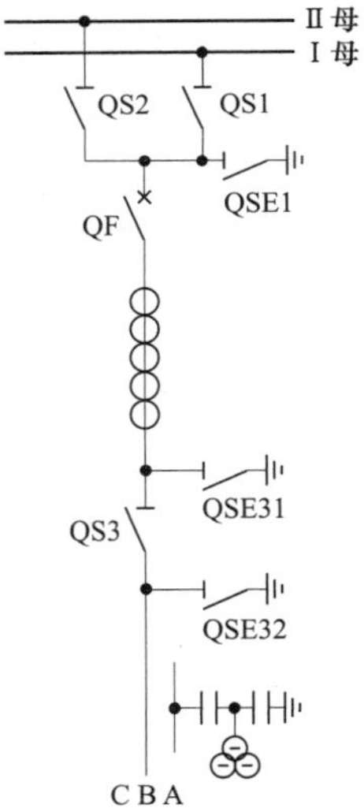

三、小雨 2116 线一次设备

本书所选典型 220kV 线路间隔为小雨 2116 线，它与小白 2115 线构成双回线。

小雨 2116 线间隔一次接线图如图 2-2 所示。小雨 2116 线间隔配电装置采用户外分相中型布置方式，即将所有电气设备都安装在户外同一水平面内，并安装在一定高度的基础上，使带电部分对地保持必要的高度，便于工作人员在地面上安全活动。母线所在的水平面稍高于电气设备所在的水平面，母线和除 II 母隔离开关之外的电气设备之间没有上下重叠布置。

小雨 2116 线配电装置是由一组断路器、一组带单接地开关的水平旋转三柱式隔离开关（I 母隔离开关）、一组曲臂式单柱式隔离开关（II 母隔离开关）和一组带双接地开关的水平旋转三柱式隔离开关（线路隔离开关）构成。整个线路的配电装置实际占地宽度约 15m，长度约 45m。

小雨 2116 线间隔的主要设备及基本参数如表 2-1 所示。

图 2-2　小雨 2116 线
一次接线图

表 2-1　　　　　　　　　　　小雨 2116 线一次设备基本参数

设备名称	设备型号	主要技术参数	厂家
断路器	3AQ1-EE	额定电压 252kV，额定电流 4000A	西门子（杭州）
I 母隔离开关	GW7-252DW	额定电压 252kV，额定电流 2000A，操动机构型号 CJ6；单接地开关，操动机构型号 CSB	长开
II 母隔离开关	SPV-252	额定电压 252kV，额定电流 2000A；操动机构型号 CMM	阿海珐

设备名称	设备型号	主要技术参数	厂家
线路隔离开关	GW7B-252ⅡDW	同Ⅰ母隔离开关，双接地开关	长开
TA	IOSK 245	$2×1000/5A$；$2×500/5A$	上海MWB
线路TV	TYD220/$\sqrt{3}$ −0.005H	220/$\sqrt{3}$ /0.1/$\sqrt{3}$ /0.1kV	西安西电
Ⅰ母TV	TYD220/$\sqrt{3}$ −0.01H	220/$\sqrt{3}$ /0.1/$\sqrt{3}$ /0.1/$\sqrt{3}$ /0.1kV	西安西电
Ⅱ母TV	TYD220/$\sqrt{3}$ −0.01H		西安西电

四、线路断路器

小雨2116线采用3AQ1-EE型断路器，这种断路器是国内220kV电网的主流断路器之一，保有数量庞大，经过长期的运行，已逐步接近故障多发期，其研究意义很大。

3AQ1-EE型断路器采用单压式定开距灭弧室。单压式灭弧室已成为SF$_6$断路器灭弧室结构的一般形式，它是根据活塞压气原理工作的。定开距的优点是绝缘性能较稳定，电弧能量较小，对灭弧有利。在高开断容量时，SF$_6$气体的压力通过电弧的作用进一步提高，从而有效支持了灭弧过程。

五、Ⅰ母隔离开关和线路隔离开关

Ⅰ母隔离开关的型号是 GW7-252DW，线路隔离开关 GW7-252ⅡDW，前者带单接地开关，后者带双接地开关，都是主流设备。图2-3所示的是 GW7-252ⅡDW 型隔离开关。

GW7 系列隔离开关为单极三柱式结构，由底座、支柱绝缘子、导电部分、操动机构等组成，每极由三个支柱绝缘子构成，两边的支柱是固定的，中间支柱是可转动的；动触头装在中间支柱绝缘子上部的主导电杆两端，静触头分别装在两边支柱绝缘子上部，由操动机构带动中间支柱绝缘子转动来进行分、合闸操作。

图2-3　GW7-252ⅡDW型隔离开关

GW7型隔离开关的接地开关装于底座两端，静触头装于两边支柱绝缘子上部，当隔离开关处于分闸状态时，操动机构动作，接地开关的三相联动转轴随之转动，带动接地开关自下而上合于静触头。

线路隔离开关的型号、结构与Ⅰ母隔离开关基本相同，不同之处在于线路隔离开关带两组接地开关。

六、Ⅱ母隔离开关

Ⅱ母隔离开关的型号是 SPV-252，这种隔离开关是单臂伸缩钳夹式，如果附带接地开关，则在型号中加注"T"表示，如 SPVT 中的"T"表示带接地开关。导电折臂由铝合金管制成，通过齿轮和齿条的传递实现折叠或伸缩运动，传动部件和平衡弹簧装置装

在导电管内部。图 2-4 所示的是合闸状态,图 2-5 所示的是分闸状态。

图 2-4 SPV-252 型隔离开关合闸状态　　　图 2-5 SPV-252 型隔离开关分闸状态

七、线路 TA

　　小雨 2116 线的 TA 是上海 MWB 互感器有限公司生产的 IOSK 245 型 TA,为典型的倒置式结构。这种结构可使一次和二次绕组具有最佳的对称,二次绕组置于铁芯罩壳内,一次绕组从铁芯罩壳中间穿过,动热稳定性好,漏抗小,能达到很高的准确精度。

　　IOSK 245 型 TA 如图 2-6 所示,TA 为全封闭结构,上部为 TA 器身,中部为瓷套绝缘子,底部为脚体。储油柜、底座和接线盒均采用铸铝件产品的外壳,焊接的外壳密封不再需要密封圈。顶部装有不锈钢膨胀器,可在一定范围内调节由于温度变化而引起的油容积变化。底部装有放油阀,在需要时可抽取油样。接线盒上装有可靠的接地端子。

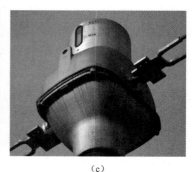

(a)　　　　　　　　　　(b)　　　　　　　　　　(c)

图 2-6 IOSK 245 型 TA 头部

(a) 现场整体照片;(b) P1 端(进线端,朝向母线);(c) P2 端(出线端)

　　TA 的一次接线部分的结构类似套筒结构,由内筒和外筒组成。内筒不是完全固定的,在改变一次绕组匝数时,内筒可轴向移动 10mm 左右。在 P2 端,内筒和外筒之间是绝缘的,外筒和 TA 头部外壳焊接在一起。在 P1 端,外筒和 TA 头部外壳之间是绝缘的,内筒和外筒之间可根据换接需要连接或分离，内筒和换接端子片则可理解成是一体的。

当按图 2-7 所示的方法接线时，在 P1 端，内筒和外筒是通过换接端子片连接在一起的。这时 TA 头部外壳是带电的但不通电流，一次绕组的匝数是 1 匝。

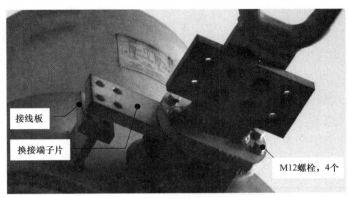

图 2-7　IOSK 245 型 TA 一次换接部位（一次绕组为 1 匝）

通过改变一次绕组连接方式，可改变 TA 的变比。将连接内、外筒的 4 个 M12 螺栓卸下后，在 P1 端，内、外筒的固定连接就解除了。内筒可向 P2 端移动，从而脱离与外筒的接触。将内筒连同换接端子片向出线方向（P2 端）轴向移动 10mm 左右，再将换接端子片和焊接在 TA 头部外壳上的接线板用 4 个螺栓连接起来，一次绕组的连接方式就发生变化，TA 头部外壳也成为通流路径的一部分。

这时母线流向线路的电流路径为：母线→跳线→外筒 P1 端→外筒→外筒 P2 端（与 TA 头部外壳相连）→TA 头部外壳→内筒 P1 端→内筒→内筒 P2 端→线路，一次绕组匝数就变成 2 匝。

八、线路 TV

小雨 2116 线只在 A 相装设一套单相 TV，采用西安西电的 TYD220/$\sqrt{3}$ -0.005H，为电容式 TV，采用速饱和型阻尼器，瞬变响应特性较好。

电容式 TV 的原理如图 2-8 所示。互感器是由电容分压器分压，中间电压变压器将中间电压变为二次电压，补偿电抗器电抗与互感器漏抗之和与等值容抗 $1/[\omega(C_1+C_2)]$ 串联谐振，以消除容抗压降随二次负荷变化引起的电压变化，可使电压稳定。

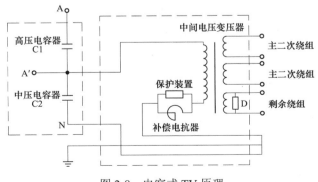

图 2-8　电容式 TV 原理

第二节 二次设备配置

小雨 2116 线间隔所配置的二次设备是当时的主流设备,其中第一块线路保护屏采用 GPSL603GA-102,由 PSL-603GA 型线路保护装置和 PSL-631C 型断路器保护装置组成;第二块线路保护屏采用 PRC31A-02Z,由 RCS-931A 型线路保护装置和 CZX-12R2 型操作箱组成。

一、主要二次设备一览

1. 主要二次设备

小雨 2116 线间隔的主要二次设备如表 2-2 所示。

表 2-2 小雨 2116 线间隔的主要二次设备配置表

设备名称	设备型号	版本	厂家
第一套线路保护	PSL-603GA	差动保护 V3.30X 距离、零序保护 V3.27X	南自
断路器保护	PSL-631C	断路器保护 V2.42X 重合闸 V2.13X 启动 CPU 版本 V3.30	
第二套线路保护	RCS-931A	保护版本 V1.32X	南瑞继保
操作箱	CZX-12R2		
监控系统	CSC-2000	V3.21	北京四方
测控单元	CSI-200EA	V5.10	
整流模块	MDL22010-3		中恒电气
蓄电池组监测系统	DJX-1022D2W		
微机直流系统接地检测仪	WZJD-6A	V1.0	浙江星炬
微机"五防"系统	UT2000Ⅳ		优特科技

2. 小雨 2116 线保护和测控装置编号

(1)线路保护装置 PSL-603GA 的编号为 1n,屏柜端子排编号为 1D。

(2)断路器保护装置 PSL-631C 的编号为 15n,屏柜端子排编号为 15D。

(3)线路保护装置 RCS-931A 的编号为 9n,屏柜端子排编号为 9D。

(4)操作箱 CZX-12R2 的编号为 4n,屏柜端子排编号为 4D。

(5)测控装置 CSI-200EA 的编号为 1n,屏柜端子排编号为 1D。

需要注意的是,在采用"六统一"设计以后,保护和测控装置的编号规则已发生变化,端子排分段原则也更为细化和明确。

二、PSL-603GA 型保护装置

1. PSL-603GA 的改进内容

PSL-603 系列包括以分相电流差动和零序电流差动为主体的全线速动主保护,由波形识别原理构成快速距离Ⅰ段保护,由三段式相间和接地距离保护及零序方向电流保护

构成后备保护。为了适应不同的线路，增加了一些特殊功能，每个特殊功能都设有相应的功能代码，通过不同组合实现不同保护功能。

图 2-9 所示的是 PSL-603GA 型保护装置。PSL-603G（A、C、D）作为 PSL-603（A、C、D）的改进型号，改进内容为：

（1）增加一组 AD 转换回路和与之对应的启动 CPU，负责保护分闸、合闸继电器的 −24V 电源的开放，可防止任一元器件损坏导致的保护误动。

（2）同时具备双以太网通信口、双 485 通信口、就地打印口。

图 2-9　PSL-603GA 型保护装置

2. 几点说明

PSL-603（A、C、D）可以不更换为 PSL-603G（A、C、D），原有保护可以正常运行，但应注意：

（1）G 型的差动保护软件版本必须使用 V3.23 及以上版本号，否则差动低压启动后可能不能分闸出口。

（2）G 型的距离保护软件版本和原来型号的软件版本相同。

（3）G 型的重合闸软件版本必须使用 V3.23 及以上版本号，否则位置启动重合闸可能不能合闸出口。

（4）G 型的保护整定值和原来型号保护整定值相比没有任何变化。

（5）G 型的保护装置端子和原来型号保护装置端子相比，只在 COM 通信模块的通信 485 口有变化，将原来的单 485 口改为双 485 口。

3. 保护整定说明

远跳回路投入，本侧 220kV 母差保护动作跳本线路时应启动本装置远跳回路。

三、PSL-631C 型保护装置

1. 保护功能

图 2-10 所示的是 PSL-631C 型保护装置，该保护装置是数字式断路器保护，具备综合重合闸、失灵启动、三相不一致保护、充电保护和独立的过流保护等功能。

2. 保护整定说明

（1）本装置重合闸采用单相重合闸方式。

（2）充电保护和过流保护、三相不一致保护、失灵重跳的出口压板置于停用位置，过流保护投入压板退出，启动失灵压板投入。

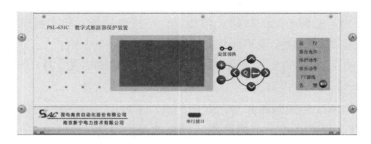

图 2-10　PSL-631C 型保护装置

四、RCS-931A 型保护装置

1. 保护功能

图 2-11 所示的是 RCS-931A 型保护装置。本装置为微机实现的数字式线路保护，具备以三相电流分相差动和零序电流差动为主体的快速主保护，由工频变化量距离元件构成的快速 I 段保护，由三段式相间和接地距离和两个延时段零序方向过流构成的全套后备保护，具备自动重合闸功能。

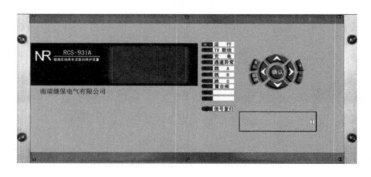

图 2-11　RCS-931A 型保护装置

2. 保护整定说明

（1）远跳回路投入，本侧 220kV 母差保护动作跳本线路时应启动本装置远跳回路。

（2）本装置重合闸置单相重合闸方式。重合闸出口压板置停用位置，本装置保护动作启动 PSL-631C 重合闸。当重合闸停用时，保护沟通三跳。

五、CZX-12R2 型操作箱

操作箱也称为操作继电器装置，类型众多，但主要可分成三相操作箱、分相操作箱两大类，每大类又包括单分闸线圈和双分闸线圈等子类型。

1. 220kV 线路断路器操作箱的主要功能

220kV 线路断路器采用分相操作，其操作箱的主要功能如下：

（1）操作箱应具有断路器的两组三相分闸回路、两组分相分闸回路及一组分相合闸回路，分闸应具有自保持回路。

（2）操作箱应具有手分、手合输入回路，应有重合闸输入回路。

（3）操作箱内应有断路器重合闸压力闭锁回路，断路器的防跳、分合闸压力闭锁和压力异常、三相不一致回路宜设置在断路器就地机构箱内。

（4）操作箱应设有断路器合闸位置、分闸位置和电源指示灯。

（5）操作箱应设有合闸位置、分闸位置及操作电源监视回路，操作箱分、合闸回路和分、合闸位置监视回路要分别引上端子。

（6）操作箱应具有断路器远方复归回路，远方复归回路要求引上端子。

（7）两组操作电源的直流空气开关应设在操作箱所在屏（柜）内，操作箱中不设置两组操作电源的自动切换回路，公用回路采用第一组操作电源。

（8）电压切换回路可在操作箱内，采用单位置启动方式。

2. CZX-12R2 型操作箱的主要特点

CZX-12R2 型操作箱含有两组分相分闸回路，一组分相合闸回路，可与单母线或双母线接线方式下的双跳圈断路器配合使用，保护装置和其他有关设备均可通过操作继电器装置进行分、合操作。该装置具有以下主要特点：

（1）装置为一层机箱，结构为模件组合式，正面为整面板，背板出线采用接插连接方式，装置具有体积小、安全性高、使用灵活方便等特点。

（2）装置的交流电压切换回路在直流电源消失后，电压切换继电器不返回，仍保持原输出状态，可防止由于操作继电器直流消失造成的保护交流失压，从而提高了保护运行的安全性。

（3）装置采用了进口全密封、高阻抗、小功耗继电器，降低了装置的功耗和发热并改善了装置的防潮等性能，从而提高了装置的安全性。

（4）装置的电流保持回路的保持电流值采用跳线方式进行整定，方便了生产和运行。

（5）在用于综合自动化的场合，装置可根据用户的要求在远方分、合闸时提供 KK 合后触点。

（6）装置除了提供 TJR、TJQ 三相分闸回路外又提供了第三组分闸回路（BJ）。

（7）装置由于提供了较多的备用继电器，因此在使用时更加灵活。

3. CZX-12R2 型操作箱的插件

小雨 2116 线采用的是 CZX-12R2 型操作箱，如图 2-12 所示。

图 2-12　CZX-12R2 型操作箱

小雨 2116 线的操作箱共 14 块插件，如表 2-3 所示。

表 2-3   **CZX-12R2 型操作箱插件配置表**

插件号	板号	备注
1 号	CZX-QYBS-A2	压力闭锁
2 号	ST1B	三相分闸
3 号	ST2A	
4~6 号、11~13 号	CZX-FTHL-A2	分相分闸（两组）
7 号	CZX-HZHL-A	手合、重合、电源监视
8 号、9 号	CZX-FHHL-A4	分相合闸
10 号	CZX-FHHL-B2	
14 号	DYQH/B1	交流电压切换

六、监控系统及特点

监控系统采用北京四方继保自动化股份有限公司的 CSC-2000 型变电站自动化系统，采用完全的分层分布结构，其特点是：

（1）变电站主站采用分布式平等结构，就地监控主站（后台机）、工程师站、远动主站等相互独立，任意一个损坏都不会影响其他部分工作。本站的变电站层主要设备采用了基于以太网的双重化设计，进一步提高了可靠性。

（2）间隔层设备按站内一次设备分布式配置，除 10kV 间隔测控与保护一体化外，其余测控装置按间隔布置，而保护完全独立，维护与扩建方便。

七、测控装置

测控装置是变电站间隔层的主要设备之一，分为单纯测控功能的测控装置和与微机保护融合的保护测控合一的保护测控装置两类，前者用于 220kV 及以上电压等级的电气间隔，后者用于 110kV 及以下电压等级的电气间隔。

1. 测控装置的作用

在变电站，测控装置主要用于变电站自动化系统，负责采集变电站一、二次设备的运行状态。表示设备运行状态的断路器、隔离开关和接地开关的辅助开关的触点、保护装置相关继电器的触点引入到测控屏端子排外侧，经光电隔离和滤波，变换成计算机可采集的状态信号，然后由 CPU 读入，再与原状态量进行比较。如果两者不一致则更新装置内的实时数据。下面以遥信量为例分析测控装置所取得的状态量的后续处理过程。

有前置机时，前置机按照查询方式读取测控装置内的遥信数据，保存到实时数据库中，并通过站控层网络，采用广播或 IEC 60870-5-104 等规约同时发送到监控主机、远动主机等站控层设备。

无前置机时，测控装置通过网络采用广播或 IEC 60870-5-104 等规约同时发送到监控主机、远动主机等站控层设备。小荷变电站便是采用此方式。

监控主机收到数据以后，实时更新实时数据库并显示在画面上。同时判断是否有变位，如果有变位则产生变位记录和报警，并闪光显示变位遥信的状态。

远动主机收到数据以后，实时更新实时数据库，并按照各个主站的转发信息表和通信规约组装通信报文，将遥信发送到相应的主站。主站收到数据报文并经校验正确后，再进行数据处理、显示和保存等。

2. 测控装置的结构

测控装置一般采用金属机箱，以保证机械强度，提高装置的电磁屏蔽能力和散热效果。测控装置主要由主 CPU 插件（含通信接口）、开关量输入插件、开关量输出插件、模拟量输入插件、电源插件和人机接口插件等组成。机箱内部通常采用前部插拔结构设计，强、弱电回路彼此分开。

3. CSI-200EA 型测控装置

小雨 2116 线配置 CSI-200EA 型测控装置一台，如图 2-13 所示。CSI-200EA 系列超高压变电站间隔测控装置是以变电站内一条线路或一台主变压器为监控对象的智能监控设备。它既采集本间隔的实时信号，又可与本间隔内的其他智能设备（例如保护装置）通信，同时通过双以太网接口直接上网与站级计算机系统连接，构成面向对象的分布式变电站计算机监控系统。

图 2-13　CSI-200EA 型测控装置

CSI-200EA 型测控装置由一个 19 英寸标准 4U 机箱和标准 I/O 模件等组成，其中 1U=44.45mm，1 英寸=25.4mm，所以，测控装置的实际高度为 177.8mm，宽度为 482.6mm。该装置的主要插件有管理板（MASTER）、交流测量插件（AI）、开入插件（DI）、开出插件（DO）、直流测温插件（DT）以及电源插件（POWER）等。装置采用前插拔组合结构，强电和弱电回路分开，弱电回路采用背板总线方式，强电回路直接从插件上出线，以提高硬件的可靠性和抗干扰性能。

4. 小雨 2116 线测控装置特殊的开入量

测控装置的实时数据有两类：一类为本装置采集的实时数据，如接入本装置的开关量输入信号、交流信号、直流信号等；另一类为通过以太网接收到其他装置的开关量信号，这种数据称为虚拟开入。

在测控装置下方一般都布置有若干转换开关，如控制开关 1KK、远方/就地/检修切换开关 1KSH、同期/非同期切换开关 1QK 等，相关触点图表可参见图 3-20。这些切换开关的大部分触点用于强电控制回路，但也有几副触点是测控装置自用的重要开入，需特别注意：

（1）1KSH 的触点（7，8）开入，开入名称为"本间隔检修"。

（2）1KSH 的触点（17，18）开入，开入名称为"断路器、隔离开关允许远控"。

（3）1QK 的触点（1，2）开入，开入名称为"手合同期开入"。

（4）1QK 的触点（7，8）开入，开入名称为"手合非同期开入"。

八、直流系统

直流系统在变电站中为控制、操作、信号、继电保护、自动装置及事故照明等提供可靠的直流电源。直流系统的可靠工作对变电站的安全运行起着至关重要的作用，是变电站安全运行的保证。

1. 直流系统基本组成

直流系统采用高频开关直流电源系统，由交流配电、整流模块、直流馈电、蓄电池组、降压单元、绝缘监测、蓄电池监测和监控系统等部分组成。

（1）整流模块基本工作原理。采用三相三线制交流平衡输入，无中性线电流损耗，并可以彻底消除因中性线零点漂移引起的相电压过高。

交流电源输入后，首先经防雷处理盒二级 EMI 滤波电路，该部分电路可以有效吸收雷击残压和电网尖峰，保证模块后级电路的安全。三相交流电经整流和无源 PFC 后转换成高压直流电，经全桥 PWM 逆变电路转换为高频交流电，再经高频变压器隔离降压后高频整流，成为稳定可控的直流电输出。

（2）监控系统工作原理。监控系统对直流电源各个部分的电气运行参数进行实时监测，遇到故障等异常情况，发出声光报警，并通过多种数字通信手段，将故障信息上报监控后台。监控系统的另一大作用是智能化的蓄电池充放电管理，根据电池组的容量状态调节整流模块的输出电压和限流值，使电池组容量充满，并延长电池组的使用寿命。此外，还有两路交流电的切换控制功能，保证一路交流电失效时，另一路交流电能及时供应，以保证直流电源的可靠工作。

2. 直流供电方式

直流供电方式主要有屏顶小母线和辐射型两种供电方式。当采用屏顶小母线供电方式时，在二次屏屏顶安装一组小母线，从直流馈线屏引出的电源经电缆接到小母线上，小母线下面的二次屏都可从屏顶小母线取得电源。小母线采用铜棒，各屏组间用电缆连接，属于环网供电方式。小荷变电站采用屏顶小母线供电方式，如图 2-14 所示。这种接线方式可节约二次电缆，使二次回路简单化，还可以减少直流馈线屏空气开关的数量。

图 2-14 屏顶小母线

当采用辐射型供电方式时，每套保护的电源、每台断路器的控制电源直接从直流馈线屏分别引接，这样会在直流馈线屏出现很多电缆，直流馈线屏上的空气开关数量要足够。

小雨 2116 线保护、测控装置直流电源引接方式如图 2-15 所示。图中，JM 是保护电源，KM 是控制电源；A8 屏是线路测控屏，安装了小白 2115 线、小雨 2116 线两个间隔的测控装置；A9、A10 屏是小雨 2116 线的第一块线路保护屏和第二块线路保护屏。这三块屏和 A6、A11～A14 等其他五块屏排列在一起，组成一个二次屏组。

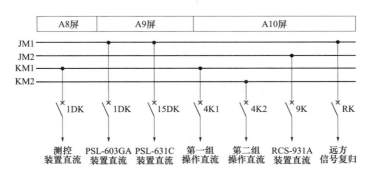

图 2-15　测控、保护装置直流电源引接方式

为进一步说明采用屏顶小母线供电方式时控制及保护电源的接线方式，下面以小雨 2116 线第一组直流控制母线为例给出具体路径。图 2-16 所示的是直流控制母线接线图。图中，1KM 表示 220V 直流母线Ⅰ段，2KM 表示 220V 直流母线Ⅱ段，KM1 表示第一组直流控制母线，KM2 表示第二组直流控制母线。采用小母线供电方式时，各种小母线是以二次屏组为单位布置的，一个继电保护室内往往有多个二次屏组，因此各屏组顶部的小母线很多是同名的，如图 2-16 中的虚线框所示。同名小母线间是用电缆连接的，间或串接有各种用途的直流闸刀。

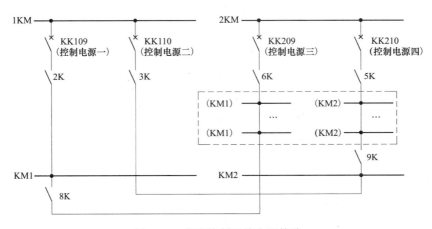

图 2-16　直流控制母线电源接线

要注意的是，因为有两段直流母线，而正常运行时要求直流负荷均匀布置，因此不同屏组顶部的同名小母线的供电路径可能是不同的。此外，各屏组顶部的小母线数量和种类是按需布置的，并不一定相同。

所有的直流控制母线都是由 4 个馈线开关提供的，KM1 和 KM2 各有两路进线。

小雨2116线保护屏、测控屏在同一屏组，该屏组顶部的KM1的两路电源分别是KK109（控制电源一）和KK209（控制电源三）。正常运行时，进线闸刀2K处于合上位置，联络闸刀8K处于断开位置，也就是KM1是由KK109供电的。如果220V直流母线Ⅰ段检修或连接电缆故障，那么在断开进线闸刀2K后，KM1可经空气开关KK209、进线闸刀6K和联络闸刀8K，切换到220V直流母线Ⅱ段的KK209（控制电源三）供电。

直流小母线KM2、JM1、JM2的供电模式与KM1类似，不再赘述。

🗼 第三节　信息流和重要节点

小雨2116线的信息流按传输介质分成两部分，并以间隔层的保护、测控装置等为分界面。间隔层以上部分采用光缆作为传输介质，传输的是报文；间隔层以下部分采用电缆作为传输介质，传输的是模拟量。远动与监控系统共享间隔层装置采集信息，远动信息直采直送，远动主站从测控网络上获取信息直接远传到调控中心等处。

本节重点分析相对繁杂的间隔层以下部分的信息流。

一、电缆联系总览

小雨2116线的现场一次设备与继电保护室内二次屏之间、继电保护室内相关二次屏之间是由几十根电缆联系在一起的。为和屏内连线相区分，将这些电缆称为外部电缆。

外部电缆联系情况如图2-17所示，图中详细列出了大部分开关量和模拟量。

二、信息流重要节点

从图2-17可见，保护屏、测控屏、端子箱和机构箱都是信息流节点，而就重要性来说，看似简陋的断路器端子箱扮演了特别突出的角色。

1. 断路器端子箱

图2-18所示的是断路器端子箱。断路器端子箱就近布置在断路器本体的右侧，是一座电缆转接站，所有来自二次屏的电缆和配电装置的电缆都接入端子箱，并在此分配新的路径。

隔离开关、接地开关操动机构所需的动力、控制和闭锁电源，各种机构箱和端子箱的加热电源等都是接自断路器端子箱，断路器端子箱电源的上一级电源则来自站用电400V馈电屏。

2. 操作箱

操作箱是联系继电保护与断路器的纽带。在断路器控制和信号回路中，操作箱的地位非常突出。要理解断路器二次回路，就必须对操作箱的原理有深入的认识。

作为断路器操作的辅助控制设备，除在断路器机构箱上进行的就地手动操作外的断路器的各种操作、继电保护和自动装置的出口都是经过操作箱实现的，操作箱的作用如图2-19所示。

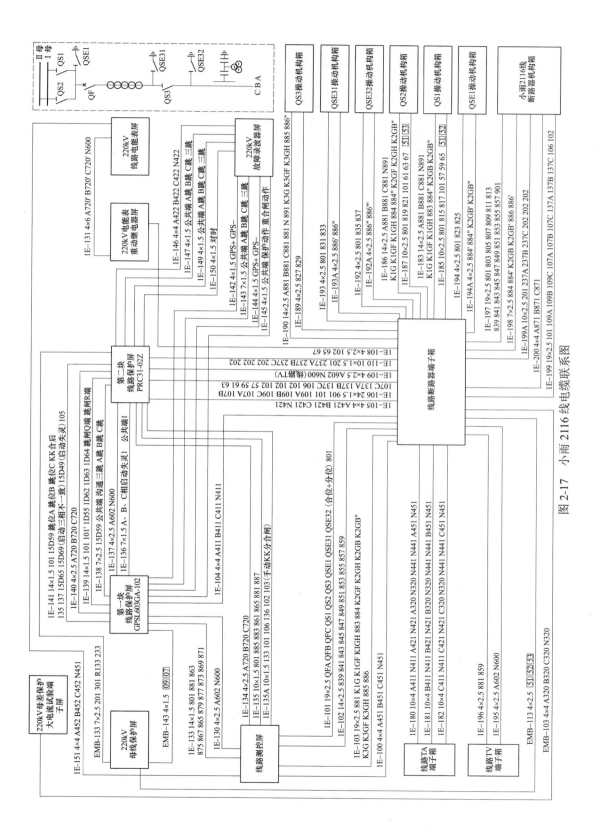

图 2-17 小雨 2116 线电缆联系图

（a） （b）

图 2-18 断路器端子箱

（a）断路器端子箱位置示意；（b）断路器端子箱内部

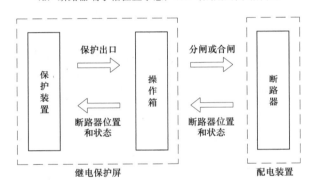

图 2-19 操作箱作用示意图

　　在图 2-19 中，断路器位置是指断路器的合闸位置和分闸位置，由装设在断路器机构上的辅助开关提供；断路器状态主要是指本体 SF_6 气体压力、液压机构油压等状态，由气体密度计、油压计等传感器提供。

参 考 文 献

[1] 王世阁. 倒置式电流互感器运行状况分析及提高安全运行性能的建议 [J]. 变压器，2009，46（9）：64-68.

[2] 房金兰. 关于电容式电压互感器技术发展的探讨 [J]. 电力电容器与无功补偿，2013，34（1）：1-6.

第三章

变电站二次回路基础和重要元件

本章主要涉及三部分内容：第一部分是二次回路图的基础知识，包括图纸种类、卷册检索号等，还列举了一个实际 220kV 变电站电气专业图纸目录，以建立起对全站电气图的整体认识。第二部分是读图方法和技巧，包括图形符号、状态，断路器防跳原理和最基本的开入、开出原理等；第三部分是一些重要装置及元件原理，包括测控装置、操作箱等重要装置，以及密封继电器、时间继电器、分合闸线圈、控制开关和真空辅助开关等重要元件。

第一节 二 次 图

一、二次图种类

变电站的二次图种类很多，主要有原理图、展开图和安装接线图等，其中安装接线图又包括屏面布置图、屏背面接线图和端子排图等。此外，还有微机装置和监控系统的流程图、逻辑图等。

1. 原理图

原理图又叫原理接线图，用以表示控制、信号、保护、自动装置和测控装置等的工作原理，也就是表示动作原理的接线图。

2. 展开图

展开图是按供电给二次回路的每一个独立电源来划分单元所绘制的图形。在展开图中，各元件被分成若干部分，元件的线圈、触点在图中逐一标出。在展开图中，按照电流流过的路径先后画出按钮、触点、线圈和端子编号，从左到右、从上到下排列。常见的展开图有电流、电压回路图，控制和信号回路图。

3. 屏面布置图

屏面布置图是安装接线图的一种，用来进行屏面布置设计、开孔及安装的图纸。它反映一块屏（箱）上全部设备的安装位置、设备型号和设备的编号，分为屏前布置图和屏后布置图两种。

4. 屏背面接线图

屏背面接线图是安装接线图的一种，是根据安装施工要求，将二次设备的具体位置和布线方式表示出来的图纸。它既是制造单位在配制屏内二次线时使用的图纸，也是二次回路检修、试验的参考图纸。

5. 端子排图

端子排图是安装接线图的一种，主要包括屏后左侧端子排图和屏后右侧端子排图。端子排图有 4 栏和 3 栏之分。左侧端子排图各栏顺序为自右向左，右侧端子排图各栏顺序为自左向右。

当采用 4 栏时，各栏内容如下：

第一栏：屏内设备的文字符号、接线端子编号；

第二栏：端子顺序号、类型；

第三栏：回路标号；

第四栏：屏外设备或屏顶设备的文字符号、接线端子编号。

当采用 3 栏时，第三栏和第四栏合并标注。

二、屏后端子排排列原则

保护屏背面端子排设计的基本原则是左侧布置直流回路，右侧布置交流回路。当双母线接线采用线路保护、重合闸和操作箱两面屏方案时，端子排应按照下列规定排列。

1. 屏后左侧端子排自上而下依次排列

（1）直流电源段（ZD）：本屏所有装置的直流电源均取自该段。

（2）强电开入段（4QD）：接收分、合闸，重合闸压力闭锁等开入信号。

（3）出口段（4CD）：分、合本断路器。

（4）保护配合段（4PD）：与保护配合。

（5）信号段（11XD）：通信接口信号。

（6）信号段（1XD）：保护动作、重合闸动作、保护运行异常、装置故障告警等信号。

（7）信号段（4XD）：含控制回路断线、电源消失、保护跳闸、事故音响等。

（8）信号段（7XD）：电压切换信号。

（9）遥信段（1YD）：保护动作、重合闸动作、保护异常运行、装置故障告警等信号。

（10）录波段（11LD）：通信接口录波。

（11）录波段（1LD）：保护动作、重合闸动作。

（12）录波段（4LD）：分相分闸、三相分闸、重合闸触点。

（13）网络通信段（TD）：网络通信、打印接线和 IRIG-B（DC）时码对时。

（14）集中备用段（1BD）。

2. 屏后右侧端子排自上而下依次排列

（1）交流电压段（7UD）：外部输入电压及切换后电压。

（2）交流电压段（1UD）：保护装置输入电压。

（3）交流电流段（1ID）：保护装置输入电流。

（4）强电开入段（1QD）：分闸位置触点 TWJa、TWJb、TWJc。

（5）强电开入段（7QD）：用于电压切换。

（6）对时段（OD）：接受 GPS 硬触点对时。

（7）弱电开入段（11RD）：用于通信接口。

（8）弱电开入段（1RD）：用于保护。

（9）出口段（1CD）：保护分闸、启动失灵、启动重合闸等。

（10）保护配合段（7PD）：与母差、失灵保护配合。

（11）交流电源段（JD）。

（12）集中备用段（2BD）。

在变电站中，二次屏屏后端子排的排列方式都是按当时的设计规范布置的，因此实际工作中要根据现场具体情况进行分析和处理。

第二节　全站电气专业图纸目录

变电站图纸的种类和数量是很庞大的，按专业可以分成电气、水工、土建和暖通等。本节对某 220kV 变电站电气专业图纸目录做简要说明，以期读者对全站电气图有个整体的认识。

一、220kV 变电站电气专业图纸目录

某 220kV 变电站电气专业图纸目录如表 3-1 所示。

表 3-1　　　　　　　　　　全站电气专业图纸目录举例

卷号	卷　名	册号	册　名	卷册检索号
第 1 卷	总的部分	第 1 册	总说明及卷册目录	33-B767 1S-D0101
		第 2 册	主接线、总平面及施工说明	33-B767 1S-D0102
		第 3 册	主要设备材料清册	33-B767 1S-D0103
第 2 卷	配电装置	第 1 册	220kV 屋外配电装置	33-B767 1S-D0201
		第 2 册	110kV 屋外配电装置	33-B767 1S-D0202
		第 3 册	35kV 屋外配电装置	33-B767 1S-D0203
		第 5 册	35kV 电容器安装	33-B767 1S-D0205
		第 6 册	35kV 电抗器安装	33-B767 1S-D0206
第 3 卷	主变压器及站用变压器安装	第 1 册	主变压器安装	33-B767 1S-D0301
		第 2 册	站用变压器安装	33-B767 1S-D0302
第 4 卷	站用电及直流	第 1 册	站用电	33-B767 1S-D0401
		第 2 册	直流系统	33-B767 1S-D0402
		第 3 册	火灾报警	33-B767 1S-D0403
第 5 卷	防雷接地及照明	第 1 册	防雷接地	33-B767 1S-D0501
		第 2 册	照明	33-B767 1S-D0502
第 6 卷	电缆敷设	第 1 册	电缆清册	33-B767 1S-D0601
		第 2 册	电缆敷设	33-B767 1S-D0602

続表

卷号	卷 名	册号	册 名	卷册检索号
第7卷	二次接线	第1册	计算机监控系统	33-B767 1S-D0701
		第2册	主变压器二次接线	33-B767 1S-D0702
		第3册	母联及母线保护	33-B767 1S-D0703
		第4册	220kV 线路二次线	33-B767 1S-D0704
		第5册	110kV 线路二次线	33-B767 1S-D0705
		第6册	35kV 线路及母分二次线	33-B767 1S-D0706
		第7册	35kV 站用变压器及站用电二次线	33-B767 1S-D0707
		第8册	35kV 电容器二次线	33-B767 1S-D0708
		第9册	35kV 电抗器二次线	33-B767 1S-D0709
		第10册	GPS 对时系统	33-B767 1S-D0710
		第11册	图像监控系统	33-B767 1S-D0711
		第12册	电子围栏系统	33-B767 1S-D0712
第8卷	系统	第1册	远动	33-B767 1S-D0801
		第3册	系统继电保护原理图	33-B767 1S-D0803

二、说明

1. 示例说明

以表 3-1 中的"33-B767 1S-D0704"为例,"33"表示设计单位为某省电力设计院,"B"表示工程设计类型为变电工程,"767"表示工程为某变电站,"1"表示第 1 期工程,"S"表示施工图设计阶段,"D"表示电气专业,"0704"表示第 7 卷第 4 册。

2. 完整的图号和卷册检索号

上述示例是常见情形,完整的图号和卷册检索号如图 3-1 所示,具体说明如下:

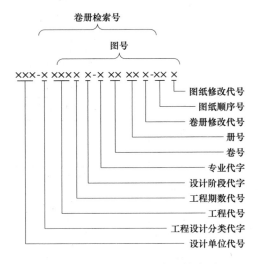

图 3-1　完整的图号和卷册检索号

（1）设计单位代号：×××（公司代号）。

（2）工程设计分类代字：S（送电工程），B（变电工程），P（配电工程）等。

（3）工程代号：用 3 位阿拉伯数字表示。

（4）工程期数代号：用阿拉伯数字 1、2、3…表示（也可用罗马数字）。

（5）设计阶段代字：K（可行性研究），C（初设），S（施工图），SZ1（设备招标），SZ2（施工招标），J（竣工图），T（投标工程）。

（6）专业代字：D（电气专业），T（土建专业），N（暖通专业）等。

（7）卷册修改代号：A、B、C…表示第一、第二、第三…次修改，当无修改时，不填该代号。

（8）图纸顺序号：用阿拉伯数字 00～99 表示，目录用"00"表示。同一序号的图纸分为几张时，在序号后加后缀 1、2、3…表示。

（9）图纸修改代号：参考（7）。

对于非图纸设计文件，如说明书、概算书、设备材料清册和专题报告等，也应和卷册图纸一样予以编号。

🗼 第三节　二次回路图读图要点

本节先简要介绍图形符号和符号的状态规定，再介绍读图的基本方法。这些只是读图的基础，只有明白控制对象的组成和作用原理，才能真正读懂图纸。

一、图形符号

1. 常用图形符号

最常用的图形符号是动合触点和动断触点，其符号都是在连接线为竖向布置的形式中给出的。若所绘的电气接线图以水平形式布置时，必须将符号以逆时针方向旋转 90°后画出，即左开右闭、下开上闭。

2. 符号的状态

标准中给出的图形符号都是按无电压、无外力作用的正常状态画出的。在电气图中，设备、器件和元件等可动部分都应表示为非激励或不工作的状态或位置，例如：

（1）继电器和接触器在非激励的状态（此时，所有被驱动的动合触点都在断开位置，动断触点都在接通位置）。

（2）断路器和隔离开关在断开位置。

（3）带零位的手动开关在零位位置，不带零位的手动开关在图中规定的位置。

（4）机械操作开关（如行程开关）在非工作的状态或位置，即处于搁置的情况。

需要强调的是，还有许多设备、器件和元件的状态并不在上述范围，在具体读图时要先仔细看清图纸上相关状态的详细说明。

二、读二次回路图的基本方法

二次回路的最大特点是其设备、元件的动作严格按照设计的先后顺序进行，其逻辑性很强，所以读图时只需按一定的规律进行，便会条理清楚、易读易记。

（1）先一次，后二次。一次设备的接线方式、运行状态决定了二次回路分析的出发点，必须注意到一次设备的众多辅助开关触点是直接"派驻"在二次回路中的。

（2）先交流，后直流。交流回路一般由 TV、TA 的二次绕组引出，直接反映一次接线的运行情况，而直流回路则是对交流回路的监控和反映。

（3）先电源，后接线。在二次回路中，二次设备的动作都是由电源驱动的。比如，信号电源消失，信号开入会消失，双位置信号变成不定态；再如，控制电源消失，操作箱中很多继电器会失磁。可以说，电源是二次回路正常工作的基础。

（4）先线圈，后触点。只有线圈通电并达到动作值，其相应触点才会动作。

（5）先上后下、先左后右。常规二次回路图具有从上往下的传递性，一般回路具有从左到右的因果性，这些特性在展开图中尤为明显。

三、看懂二次回路图的重要前提

具备了基本读图知识以后，还需要了解控制对象和控制元件的基本组成、作用原理，然后才能着手看图。

（1）在阅读图纸之前要对控制对象有一个宏观的、整体的认识，要清楚地知道控制对象在整个变电站中的地位和作用。

（2）在阅读图纸之前对变电站的站用交、直流系统也要有一个大致的认识。

（3）对各种控制元件的内部结构与原理要有基本认识，这点很重要。例如，DZ47空气开关的主要部件有双金属片、电磁脱扣器、脱扣机构（实际相当于锁扣）、动触头、静触头。和机构连接在一起的是动触头，出线端是静触头，如图 3-2 所示。其过载脱扣和短路保护原理如下：

图 3-2　DZ47 内部结构

过载脱扣原理：双金属片通过电流会发热，在额定电流内，双金属片也是要发热弯曲的，但当达到热平衡后，双金属片弯曲也达到稳定。当电流超过额定电流后，由于发热量更大，温度更高，双金属片继续弯曲，顶到脱扣机构，脱扣机构旋转，使空气开关脱扣。

短路保护原理：当流过大电流或短路时，由于双金属片弯曲需要时间，来不及弯曲到位，需要更快地使空气开关脱扣。这时候起作用的是电磁脱扣器，线圈产生磁场，吸引铁芯向左移动（时间很短，只有几毫秒），同样顶到脱扣机构，脱扣机构旋转，使空气开关脱扣。

只有知道了这些简单的原理，当空气开关自动分闸时，才会去检查是否有过负荷的情况，而不是一味地去寻找短路点。

四、了解设备制造厂的图纸特点

设备制造厂大都有一套专门的制图标准，特别是进口设备的二次接线图特点更为鲜明。如阅读西门子高压设备二次接线图时，就要了解以下规定：

（1）要注意图纸中的横坐标（1、2、3、4…，图纸顶部）、纵坐标（A、B、C、D、

E…，图纸左侧）、本页图纸编号（ZZA/M1…，图纸右下侧）。

（2）图纸中每一元件都有相应的标识及位置编号。如 Y1/ZM2，即在图纸 ZM2 中，对 Y1 有说明。

（3）看图前注意图纸中所标明的设备状态，如无电压、无压力、断路器处于分闸状态等。预先了解设备状态，才能在后面图纸中清楚了解继电器、接触器等设备触点的通断状态。

（4）辅助触点标号最后一位为 1 的都是动断触点。

🗼 第四节　开关量输入回路和输出回路

微机保护、测控装置等的硬件主要由模拟量输入系统、开关量输入/输出系统、微型机主系统三部分组成。就控制和信号系统而言，开关量输入、输出回路是最基础的。

一、电气隔离

电气隔离是避免电路中干扰传导的可靠方法，同时它还能使有用信号正常耦合传递。常见的电气隔离耦合原理有机械耦合、电磁耦合、光电耦合。

机械耦合是采用电气—机械的方法来实现电气隔离。如继电器将线圈回路和触点控制回路隔离开来，成为两个电路参数不关联的回路，从而实现了电气隔离。这样，控制指令能借助触点动作从一个回路传递到另一个回路。

电磁耦合是采用电磁感应原理来实现电气隔离。如变压器一次电流产生磁通，磁通再产生二次电压使一次回路与二次回路在电气上隔离，而电信号或电能却能由一次传递到二次去，这就使一次回路中的干扰不能由电路直接进入二次回路。隔离变压器是电源中抑制干扰传导的最基本的方法，常用的电源隔离变压器有屏蔽隔离变压器、铁磁谐振隔离变压器等。变压器还在信号传递回路中起耦合和隔离的作用。

光电耦合是采用半导体光电耦合器件来实现电气隔离。输入信号经运算放大器 A1 变成光耦器件发光二极管中的电流变化量，发光二极管将电信号转换成光信号，光信号传递到光电耦合器件的接收部分——光敏三极管的基极，使三极管输出变化，再经运算放大器 A2 放大成输出信号。输入回路与输出回路在电气上完全隔离，使输入回路的干扰信号不能直接从电路上进入输出回路。

需要指出的是，随着特高压变电站的投运、智能变电站智能组件的就地布置等，使得电气隔离和电气兼容的问题越来越突显，需要加强研究应对措施。

二、开关量

测控装置采集的开关量信息主要有单位置信号、双位置信号、编码信号等。

1. 单位置信号

变电站内被监控对象发出的大多数告警信号，如断路器操动机构发出的液压低或弹簧未储能、SF_6 断路器灭弧单元发出的 SF_6 泄漏、变压器瓦斯保护发出的轻瓦斯动作等都采用单位置信号。

2. 双位置信号

在 220kV 及以上电压等级变电站，被监控对象发出的一些重要信号，如 220kV 及以上电压等级的断路器、隔离开关、接地开关的位置信号通常采用双位置信号。采用双位置信号的目的是增强信号的抗干扰能力，提高信号传输过程的可靠性。

采用双位置信号时，每个设备状态要占用两个开入量。一般用 10、01 分别表示合位和分位，00、11 表示异常，第一位是动合触点开入值，第二位是动断触点开入值。双位置信号是一个逻辑值（虚点），例如某公司的计算方法是采用虚点 C=A+2B，其中 A 是动合触点开入值，B 是动断触点开入值，这样 C=1 表示合位，C=2 表示分位，C=0 和 C=3 表示异常，也就是无效位。

3. 编码信号

采集变压器和消弧线圈挡位信号时会用到编码信号，一般采用 BCD 码，以减少所需的开入点数量。比如，5 个开入量就可标识 19 挡以内的挡位。

三、开关量输入回路

对于微机保护、测控装置，开关量输入的来源主要有两类：

（1）从装置外部经过端子排引入装置的触点，如各种硬压板、转换开关、其他保护、其他测控装置以及各种外部继电器的触点等。

（2）装置面板上的触点，如用于人机对话的键盘、按钮等。

这两类开关量的输入回路如图 3-3 和图 3-4 所示，都是通过并行接口输入装置的。

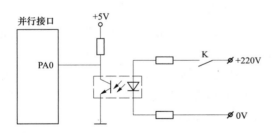

图 3-3　外部开关量输入回路

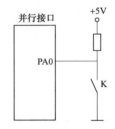

图 3-4　装置面板开关量输入回路

在图 3-3 中，当外部动合触点 K 接通时，光敏三极管导通，PA0=0；当外部动合触点 K 断开时，光敏三极管截止，PA0=1。外部开入量经光电隔离输入到装置，将可能带有电磁干扰的外部电气回路与微机电路隔离，以保证微机电路的安全。

在图 3-4 中，装置面板上触点的输入回路就简单得多，当动合触点 K 接通时，PA0=0；当动合触点 K 断开时，PA0=1。

这样，只要在装置初始化时规定图中的并行接口 PA0 为输入方式，那么装置就可以通过软件查询，随时掌握输入的状态。当然，软件查询方式会有一定的延时，因此对于需要立即处理的某些外部开入，光敏三极管的集电极可直接接到装置的中断请求端子。

四、开关量输出回路

装置的开关量输出一般采用并行接口的输出口来控制继电器线圈的方法，一般也经过光电隔离，如图 3-5 所示。

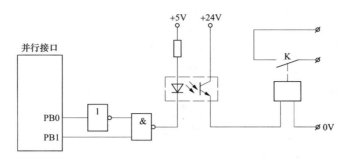

图 3-5　装置开关量输出回路

在图 3-5 中，只要使 PBO 输出"0"、PB1 输出"1"，就可使与非门输出低电平，光敏三极管导通，继电器 K 励磁，其动合触点接通。

设置反相器和与非门有两方面的作用，一是提高并行口带负荷能力，二是增加开关量输出的抗干扰能力。

第五节　遥　控　返　校

为保证遥控的高可靠性，通常采用返送校核法。遥控本来是指调控中心和运维站发送给变电站的远程控制命令，但现在经常把变电站后台监控系统发送给站内设备的远方控制命令也称为遥控。

一、基本原理

图 3-6 是遥控过程示意图。

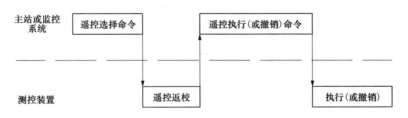

图 3-6　遥控过程示意图

1. 遥控选择

主站或后台监控系统先发出遥控选择命令，指定遥控的对象（开关电器编号）和遥控性质（合闸或分闸）。测控装置在收到遥控选择命令经校验合格后并不立即执行遥控操作，而是将收到的遥控选择命令返送给主站或监控系统。

返送的方式有两种，一种方式是将收到的遥控选择命令存储后照原样直接返送给主站或监控系统；另一种方式是按遥控选择命令的要求，使指定的遥控对象继电器和遥控性质继电器动作，再将继电器的动作情况编成代码后返送给主站或监控系统。

2. 遥控执行

测控装置只有在收到遥控执行命令后才执行相应的操作。遥控命令执行的结果由遥信传送给主站或监控系统。主站或监控系统也可下达遥控撤销命令。

测控装置在收到遥控选择命令后，如主站或监控系统超过了预定的时间仍不发来遥控执行命令，就自动撤销该遥控选择命令，有关电路复归。

二、CSI-200EA 型测控装置的硬返校

1. CSI-200EA 型测控装置采用 PLC 控制原理

同很多测控装置一样，CSI-200EA 型测控装置中也采用 PLC 控制原理，所以要想全面掌握控制逻辑必须了解 PLC。

（1）可编程逻辑控制器 PLC（Programmable Logic Controller）。PLC 是一种数字运算操作的电子系统，它采用可编程序的存储器，用来在其内部存储执行逻辑运算、顺序控制、定时、计数和算术运算等操作指令，并通过数字式、模拟式的输入和输出，控制各种类型的机械或生产过程。PLC 及其有关设备都按易于与工业控制系统形成一个整体、易于扩充其功能的原则设计。

PLC 实质上是一种专用于工业控制的计算机，其硬件结构基本上与微型计算机相同。当 PLC 投入运行后，其工作过程一般分为输入采样、用户程序执行和输出刷新三个阶段。完成上述三个阶段称作一个扫描周期。在整个运行期间，PLC 的 CPU 以一定的扫描速度重复执行上述三个阶段。

需要说明的是，可编程逻辑控制器的正式命名是可编程控制器（Programmable Controller，简称 PC），只是为区别于个人电脑（Personal Computer，简称也是 PC），业界采用 PLC 这个叫法。

（2）CSI-200EA 型测控装置中的 PLC 控制逻辑。四方继保自动化公司在 CSI-200EA 型测控装置的硬件平台上，采用 IEC1131 标准中描述的可编程软件模型开发了同期操作、断路器偷跳告警、调压、备自投、防误操作闭锁软件。

由于梯形图直观易懂，容易被电气技术人员所接受，因此用户程序采用梯形图语言描述。用户可以用梯形图编写控制逻辑，然后通过厂家提供的后台软件将控制逻辑传送到 CSI-200EA 型测控装置。装置的 CPU 开始扫描控制逻辑所需的各输入触点的状态，包括本间隔和关联间隔及操作命令，逐行扫描用户程序并刷新各元件映象寄存器，进行逻辑判断，然后输出运算结果。将输出映象寄存器内容传至相应出口，按照遥控命令检查信号寄存器，最后确认遥控结果，从而实现一次操作。

2. 硬返校过程

在遥控硬返校回路，装置对每一个遥控操作对象提供三副触点，分别为：遥控选择的控制出口继电器、遥控执行命令的分继电器和遥控执行命令的合继电器。具体实现过程如下：

（1）在装置收到遥控选择命令后，如果操作对象正确，驱动对应的控制继电器出口。

（2）相应的控制继电器动作后，装置读取控制出口继电器节点的状态，并将该节点的状态上送给各主站系统。

（3）主站（监控系统）在发出遥控选择令后，等待对应的控制继电器的节点状态返回，并判断遥控选择成功。

（4）主站（监控系统）在判断遥控选择成功后，发送遥控执行命令。

（5）装置收到遥控执行命令后，执行相应的分或合操作继电器，同时清除遥控选择命令。

遥控硬返校过程如图 3-7 所示。

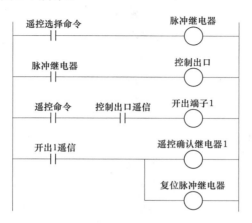

图 3-7 遥控硬返校

在装置收到遥控选择命令，并且相应的控制继电器已经出口，如果在 25s 内没有收到遥控操作执行命令，装置自动收回对应的控制继电器。

第六节 压 板

压板本来是指一种金属连接片，是一种硬连接片，用以沟通保护装置外部回路或实现保护装置功能设置。在微机装置出现后，压板的概念得到了发展和延伸，出现了所谓的软压板。压板结构简单，但作用重要。硬压板外观和结构如图 3-8 和图 3-9 所示。

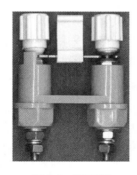

图 3-8 硬压板

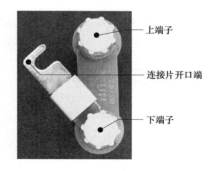

图 3-9 压板端子及连接片开口

一、出口压板和开入压板

按照压板接入保护装置二次回路位置的不同，分为出口压板和开入压板。

1. 出口压板

出口压板常称为分闸压板，串接在保护装置的出口（分闸）回路中，它的投退直接影响保护装置能否实现分闸出口。对直接控制分闸线圈的出口继电器，其出口压板一般应装在出口继电器的触点和分闸线圈之间。

2. 开入压板

开入压板也称为功能压板，接入位置是在保护装置的开入回路中。开入压板的投退影响保护功能的实现，是一种保护功能的选择方式。根据不同的开入，保护装置的程序会有相应变化。由开入压板提供的开入量在进入微机装置之前，必经经光电耦合或隔离继电器隔离，转化为弱电开入。

一般情况下，保护功能投退软、硬压板一一对应。软压板和硬压板之间的逻辑关系大都是"与"的关系，但也有例外，如停用重合闸的各种压板之间是"或门"逻辑，再如"远方修改定值"只有软压板。

二、分闸压板装设规定

在有关反措中，对出口压板装设的具体要求如下：

（1）分闸连接片的开口端应装在上方，接到断路器的分闸线圈回路。

（2）连接片在落下过程中必须和相邻连接片有足够的距离，以保证在操作连接片时不会碰到相邻连接片。

（3）检查并确保连接片在扭紧螺栓后能可靠地接通回路。

（4）穿过保护屏的连接片导电杆必须有绝缘套，并距屏孔有明显距离。

（5）检查连接片在拧紧后不会接地。

压板都是竖装的，并有上、下两个端子用来卡固连接片。出口压板的开口端应装在上方，也就是出口压板是以下端子为旋转轴的。由于分闸线圈一般接在靠电源负极侧，所以出口压板的上端子实际上靠近电源负极侧，这点要特别注意。

三、压板测量

运行中为了检验保护装置是否存在误动情形，如保护出口触点已闭合未返回，在投出口压板前需要测量压板两端是否有电压。

1. 直流绝缘监察装置

变电站的直流系统都装有直流绝缘监察装置，并且绝大多数采用平衡电桥监测原

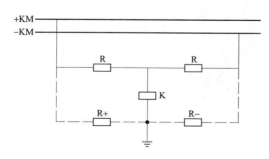

图 3-10　直流绝缘检查装置信号原理图

理，如图 3-10 所示。图中，R 是人工接地电阻，K 是继电器线圈，R+、R−是正极和负极的对地绝缘电阻。

由图 3-10 可知直流系统内部是有一个接地点的，因此在出口压板的两端分别对地测量时，有可能测出电压。所测得的电压实际上是正极或负极对地的电压。与此相对的是，由于微机装置的 24V 直流不存在这样一个接地点，在开入压板的两端分别对地测量时是测不出电压的。

2. 断路器处于分闸位置时投出口压板前的测量

图 3-11 是小雨 2116 线断路器第一组分闸线圈回路（操作箱部分，A 相），该站采用

220V 直流系统。图中的 S1LA 是断路器辅助开关动合触点，Y2LA 是断路器 A 相第一组分闸线圈。当断路器处于分闸位置时，动合触点 S1LA 是断开的。

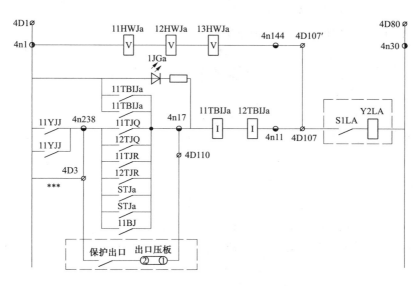

图 3-11   断路器第一组分闸线圈回路（操作箱部分，A 相）

正常情况下，保护出口触点是返回的，即处于断开状态，此时出口压板的上端子（1 端）是带正电位的，对地电压约 +110V；此时连接片是取下的，下端子（2 端）是悬空的，对地电压为 0V。上、下端子间的电压为 0V。这种情况可以投出口压板。

当保护出口触点异常"粘连"或未返回时，出口压板的上端子（1 端）测量结果同上，但下端子（2 端）也是带正电位的，对地电压约 +110V。上、下端子间的电压为 0V。这种情况严禁投入出口压板。

3. 断路器处于合闸位置时投出口压板前的测量

当断路器在运行状态时，动合触点 S1LA 是接通的，投出口压板前的测量更为必要。

正常情况下，保护出口触点是返回的，即处于断开状态，此时出口压板的上端子（1 端）是带负电位的，对地电压约 –110V；下端子（2 端）是悬空的，对地电压为 0V。上、下端子间的电压为 0V。这种情况可以投出口压板。

当保护出口触点异常"粘连"或未返回时，出口压板的上端子（1 端）测量结果同上，但下端子（2 端）是带正电位的，对地电压约 +110V。上、下端子间的电压为 220V，此时严禁投入出口压板，否则会导致断路器分闸。

4. 结论

（1）在出口压板两端分别测量对地电压，能得到比较详细的结果。

（2）若在出口压板下端子（2 端）测得对地电压为 0V，可以投出口压板。

（3）若在出口压板下端子（2 端）测得对地电压为正值，则严禁投出口压板。

（4）开入压板是无法在压板两端分别测量对地电压的，只能测量压板上、下端子间的电压，正常值为 24V。

上述结论是在取消压力闭锁触点的反措已实施的前提下，也就是压力闭锁触点11YJJ被短接后（图 3-11 中标注"***"的连线即为短接线）才成立的。在具体工作中，应先查看二次图，根据实际情况制定评判标准。

测量压板电压时必须使用高内阻的万用表，否则可能会造成微机装置误动。

第七节　磁保持继电器和时间继电器

在变电站控制和信号回路中，继电器是非常重要的感应元件和执行元件。本节将介绍在各种微机装置上广泛应用的密封继电器、磁保持继电器，以及在二次回路中扮演重要角色的时间继电器。

一、概述

继电器是一种电子控制器件，它具有控制系统（又称输入回路）和被控制系统（又称输出回路），它实际上是用较小的电流去控制较大电流的一种"自动开关"。当输入回路中激励量的变化达到规定值时，继电器是能使输出回路中的被控电量发生预定阶跃变化的自动电路控制器件。它具有能反映外界某种激励量（电或非电）的感应机构、对被控电路实现通/断控制的执行机构，以及能对激励量的大小完成比较、判断和转换功能的中间比较机构。继电器广泛应用于自动控制、遥控遥测、通信、广播和航天技术等领域，起控制、保护、调节和传递信息的作用。

继电器的种类非常多，单就其中的电磁继电器来说，又可以根据作用原理、外形尺寸、防护特征、触点负载和用途等进行分类，下面介绍二次回路中最常用也是最重要的密封继电器、磁保持继电器和时间继电器。

二、密封继电器

密封继电器是相对于非密封继电器而言的，是继电器按防护特征进行分类的一种。

常见的非密封继电器多采用拍合式衔铁，其优点是结构简单，制造工艺简单，安装维修方便，工作状态直观，便于失效分析；其缺点是工作可靠性对使用环境（气候应力、机械应力）变化的敏感性强，长期耐受气候条件性能随时间增长而易受环境条件污染、损伤，主要表现为电接触稳定性、可靠性差，线圈易因受潮、杂质污染产生电腐蚀、霉变而失效。取下塑料罩的非密封继电器如图 3-12（a）所示，图示状态是动断触点接通、动合触点断开。当线圈励磁时，图中右侧的拍合式衔铁将带着动触头向左运动，实现触点状态转换。

目前在各种微机装置插件上广泛使用全密封继电器，其优点是多采用平衡旋转式衔铁，全密封机构隔离外部气候应力作用，抗恶劣环境性能优良，触点电接触性能稳定可靠，线圈抗腐蚀、霉变，长期可靠性能优良；缺点是结构复杂，制造工艺复杂，失效分析困难，本身无法维修后重复使用。密封继电器如图 3-12（b）所示，所示密封继电器的型号是 ST2-L2，表明该型继电器有 A、B 两只线圈、两副动合触点。图3-12（b）由上、中、下三个小图组成，均为俯视图，其中上图为外壳未拆下时的外观图；中图为了说明内部结构和动作过程，特意拆下了该密封继电器的外壳，为动合触点接通自保持状态（线圈 A 通过电，已断电）；下图为动合触点断开状态（线圈 B 通过电，已断电）。

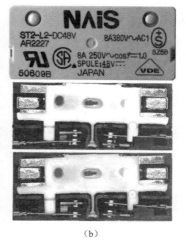

（a）   （b）

图 3-12　非密封继电器和密封继电器

（a）非密封继电器（外罩已取下）；（b）密封继电器（印刷电路板式引出端）

但需要指出，多数密封继电器的内部都充有高纯度的氮以防止内部金属氧化，但由于激励线圈所用的漆包线表面有机物的挥发，使得继电器内部含有 C、O、Si 等杂质。这些杂质与烧蚀和磨损的触点表面相互作用，易形成含有 C、O、Si 的化合物并沾附其表面。

三、磁保持继电器

继电器的自保持是常用技术，一般是指电保持。电保持分成两种情形，一种是既有电流线圈又有电压线圈，当电流线圈激励后，串在电压线圈回路的动合触点接通使电压线圈激励来实现自保持；另一种是只有一个电压线圈，当电压线圈激励后，与激励回路并联的动合触点接通来实现自保持。

而磁保持继电器实现自保持的概念和手段有所不同，它是利用其自身永磁力保持触点断开或接通的双稳态继电器。磁保持继电器平时依靠永久磁铁的磁性可以保持稳定状态，若需转换其状态只需使用脉冲信号对其进行激励即可。

磁保持继电器的主要分类如下：

（1）单边稳态型继电器。属于普通继电器，线圈通电则继电器触点接通，线圈断电则触点断开。

（2）单线圈自锁继电器。线圈通电后，触点接通，断电后触点保持接通状态；线圈反向通电后，触点断开。

（3）双线圈自锁继电器。线圈 A 通电后，触点接通，线圈 A 断电，触点保持接通状态；线圈 B 通电，触点断开；线圈 B 断电，触点保持断开状态。图 3-12（b）所示的就是这种继电器。

四、时间继电器

时间继电器是指当加入（或去掉）输入的动作信号后，其输出电路需要经过规定的时间才产生跳跃或变化（或触点动作）。

（一）时间继电器符号

图 3-13 和图 3-14 所示是几个易混淆的延时触点符号和继电器线圈符号。

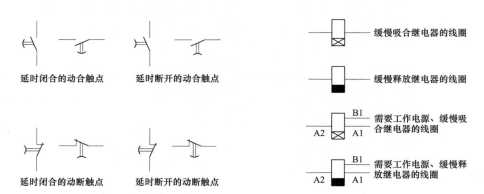

图 3-13　易混淆的延时触点符号　　　　图 3-14　易混淆的继电器线圈符号

通电延时的时间继电器：通电开始计时，达到设定时间时触点状态切换，断电后触点状态立即恢复，即通电延时、断电不延时。

断电延时的时间继电器：通电后触点状态立即切换，直到断电后开始计时，达到设定时间时触点状态才恢复，即通电不延时、断电延时。

有的时间继电器始终要求供电，它的计时条件是外界另外给它一个开关信号或电压信号，因此把时间继电器称作"接通延时"和"断开延时"似乎更确切，电子式时间继电器基本属于这种情形。

（二）时间继电器的种类

常用时间继电器的种类有电磁阻尼式、空气阻尼式（气囊式）、电动式、电子式等。

1. 电磁阻尼式时间继电器

电磁阻尼式时间继电器是根据楞次定律实现断电延时的，方法有以下两种：

一是阻尼铜套法：利用装在铁芯上的阻尼铜套对变化的磁通起阻尼作用来延缓返回时间。当线圈通电时，衔铁处于释放位置，气隙大，磁阻大，磁通小，所以阻尼铜套的作用很小，可不计延时作用。而线圈断电时，由于电流瞬间减小，根据楞次定律阻尼铜套中将产生一个感应电流，阻碍磁通的变化，维持衔铁不立即释放。铁芯中的磁通会缓慢衰减，当电磁吸力不足以克服反力时衔铁释放，从而实现了断电延时。

二是短接线圈法：当电磁线圈断电时，立即把线圈短接，根据楞次定律线圈中将产生一个阻碍磁通变化的感应电流，维持衔铁不立即释放，从而实现断电延时。

电磁阻尼式时间继电器延时范围的调整方法如下：

1）改变释放弹簧的松紧度：释放弹簧越紧，释放磁通越大，延时就越短。

2）改变非磁性垫片厚度：垫片厚度增加，延时增加。

3）为增大断电延时，对带阻尼套的时间继电器可兼用短接线圈法。

2. 空气阻尼式（气囊式）时间继电器

当时间继电器线圈通电时，继电器的动作行为可分为两步：①衔铁及托板被铁芯吸引而瞬时下移，使动作触点接通或断开；②活塞杆和杠杆不能同时跟着衔铁一起下落，这是因为活塞杆上端连着气室中的橡皮膜。当活塞杆在释放弹簧的作用下向下运动时，橡皮膜随之向下凹，上面气室中空气稀薄使活塞杆受到阻尼作用而缓慢下降。经过一定时间，活塞杆下降到一定位置，便通过杠杆推动延时触点动作，从而使动断触头断开、动合触头闭合。

从线圈通电到延时触点完成动作的这段时间就是继电器的延时时间，延时时间的长短可以用螺钉调节气室进气孔的大小来改变。

橡皮膜在现场长时间运行后易出现老化破损，使时间继电器失效，某站就发生过这样的事故。该站330kV母联断路器由检修转运行时，因B相操动机构存在严重卡涩，在合闸后，本应由操动机构带动切换的辅助开关动断触点没有切换，一直处于闭合状态，合闸回路一直带电，最终造成B相合闸线圈及其附加电阻烧损，且因气囊式时间继电器的气囊破损致使延时动合触点卡滞，导致三相不一致保护功能无法实现。

3. 电动式时间继电器

电动式时间继电器的原理与钟表类似，是通过内部电动机带动减速齿轮转动而获得延时，其特点是精度高，结构复杂，价格很贵。

4. 电子式时间继电器

电子式时间继电器是利用半导体元件做成的时间继电器，其应用越来越多。下面以ETR4-70B-AC型多功能时间继电器为例进行说明。

图3-15是ETR4-70B-AC型时间继电器的外观和内部结构，在继电器面板上部用3只LED指示灯来指示工作状态。图3-15（b）所示的面板中央从上到下有3个设定用的旋钮，与图3-15（c）中标注的数字3、4、5对应，可分别进行时间范围选择、时间整定、功能选择。其中时间整定实际上用的是一个电位器。图3-15（c）中标注字为1和2的是两只密封继电器，用作时间继电器的输出。每只继电器的输出部分均为一副转换触点。

图3-16所示是ETR4-70B-AC型继电器的铭牌。由图3-16可知，不使用B1端时可选择的功能编号包括81、11、21、42等，使用B1端时可选择的功能类型包括12、22、82、16等。相同的时间整定、不同的功能类型，其输出结果是不同的，表现为动作时序各不相同。

当继电器设定功能编号为12时，其触点输出的时序图如图3-17所示。在此设定下，继电器的（15，18）和（25，28）触点为转换动合触点，在B1端通电后这两副触点立即接通，但当B1端断电后并不立即断开，而是要等到所设定的时间后才断开，即所谓的"断电延时"。油泵打压时间继电器K15就是这样设定的，可参见图7-24及其说明。

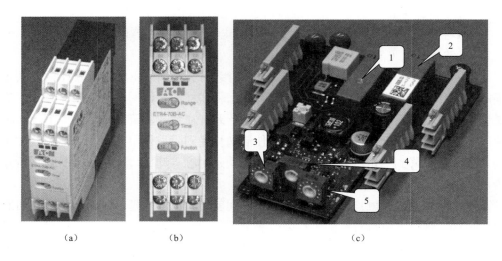

图 3-15　ETR4-70B-AC 型继电器外观及内部照片

（a）继电器外观；（b）继电器面板；（c）继电器内部电路结构

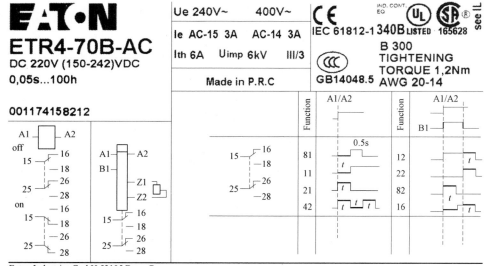

图 3-16　ETR4-70B-AC 型时间继电器铭牌

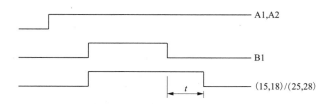

图 3-17　ETR4-70B-AC 型时间继电器时序图（功能设定 12）

第八节 控制开关（KK开关）

万能转换开关是一种多挡式、控制多回路的主令电器，主要用于各种控制电路的转换，如：电压表、电流表的换相测量控制，配电装置线路的转换和遥控等，还可以直接控制小容量电动机的启动、调速和转向。

专用于断路器分、合闸操作的控制开关也是万能转换开关的一种，俗称KK开关。在传统变电站时代，KK开关直接安装在控制室内的控制屏上，是最主要的操作元件，当时最常见的LW2型KK开关如图3-18所示。到了常规变电站时代，KK开关从控制室的控制屏转移到了继电保护室的测控屏，一般布置在测控装置的下方。由于许多原来由KK开关实现的硬接线功能已改由保护或测控装置实现，因此KK开关的触点数量减少了很多。现在，KK开关通常作为后备操作手段。

一、LW2型KK开关

在传统变电站时期，最典型的KK开关是LW2-Z型，型号中的Z表示KK开关具有自复位功能，这是因为发分、合命令的触点要求只在发命令时接通。其他做切换用途的万能转换开关则不要求带自动复位机构。

1. LW2-Z型KK开关的基本结构

LW2-Z型KK开关的正面为一个操作手柄，安装于屏前，与手柄固定连接的转轴上装有数节触点盒。触点盒安装于屏后，每个触点盒中都有4个固定触点和1个动触点（动触片，形状各异）。动触点随转轴转动，固定触点分布在触点盒的4个角，盒外有供接线用的4个引出端子。

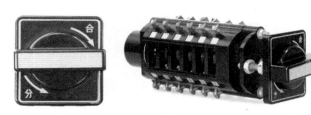

图3-18 LW2-Z-1a.4.6a.40.20.20/F8型KK开关

根据动触点的凸轮与簧片的形状及安装位置的不同，可以构成不同型式的触点盒。触点盒是封闭的，每个KK开关上所装的触点盒的节数与型式可根据需要进行组合。以LW2-Z-1a.4.6a.40.20.20/F8型KK开关为例，型号中的1a、4、6a、40、20都是触点盒的型式，F8是面板和手柄型式。

2. LW2-Z-1a.4.6a.40.20.20/F8型KK开关触点图表

此型号的KK开关的触点图表如图3-19所示，图3-19（a）是传统的触点图表，这种触点图表一般附在相关二次图后面，供在读图过程中随时查阅，使用较为不便，图中的"×"表示触点接通，"－"表示触点断开；图3-19（b）是新的表示方法，某副触点什么位置接通、什么位置断开都很直观，图中的虚线表示手柄位置，虚线上的点表示手柄在此位置时相应的触点是接通的，否则是断开的。

手柄和触点盒型式	F8	1a		4		6a		
触点号		1-3	2-4	5-8	6-7	9-10	9-12	10-11
位　置　分闸后	←	−	×	−	−	−	−	×
预备合闸	↑	×	−	−	−	×	−	−
合闸	↗	−	−	×	−	−	×	−
合闸后	↑	−	×	×	−	−	−	×
预备分闸	←	−	×	−	−	−	−	×
分闸	↗	−	−	−	×	−	−	×

手柄和触点盒型式	40			20			20		
触点号	13-14	14-15	13-16	17-19	17-18	18-20	21-23	21-22	22-24
位　置　分闸后	−	×	−	−	−	×	−	−	×
预备合闸	×	−	−	−	×	−	−	×	−
合闸	−	−	×	×	−	−	×	−	−
合闸后	−	×	×	×	−	−	−	−	×
预备分闸	×	−	−	−	×	−	−	×	−
分闸	−	×	−	−	×	−	×	−	×

(a)　　　　　　　　　　　　　　　　(b)

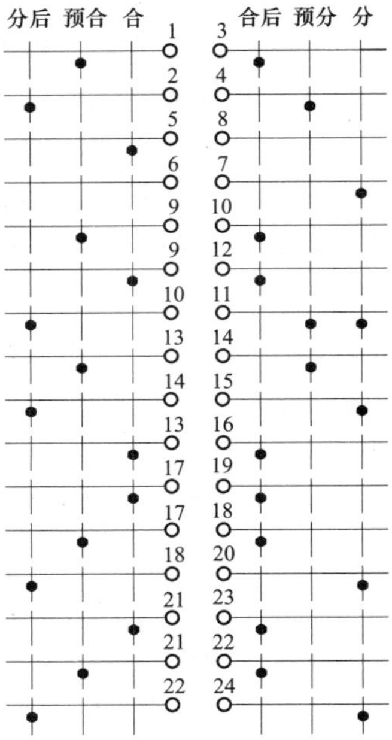

图 3-19　LW2-Z-1a.4.6a.40.20.20/F8 型控制开关触点图表

（a）传统的触点图表；（b）触点接通、断开状况新的表示方法

此型号 KK 开关的手柄有两个固定位置（垂直和水平）和两个操作位置（由垂直位置再顺时针转 45°和由水平位置再逆时针转 45°），由于有自由行程的触点不紧跟着轴转动，所以按操作顺序的先后，手柄位置实际上有六种，即分闸后、预备合闸、合闸、合闸后、预备分闸、分闸后。

假设断路器是在分闸位置，操作手柄是在"分闸后"位置（水平位置，此时两者的位置是对应的），需要进行合闸操作，应先顺时针方向将手柄转动 90°至"预备合闸"位置（垂直位置），然后再顺时针方向转动 45°至"合闸"位置，触点盒内的（5，8）触点接通，发出合闸脉冲。合闸操作必须用力克服 KK 开关内部自动复位弹簧的反作用力，当操作完成松开手后，操作手柄会在复位弹簧的作用下自动返回到垂直位置，但手柄的位置称为"合闸后"位置。"预备合闸"和"合闸后"手柄处在同一个固定位置，但接通前后触点的通断情况是不同的，应特别注意。

3. "合后位置"的作用

"合后位置"即"合闸后位置"，这副触点在传统控制回路里主要有两个重要作用：①启动事故总音响和光字牌告警；②启动自动重合闸，即用 KK 开关的（21，23）触点和断路器分闸位置继电器 TWJ 的触点（三相并联）构成不对应启动重合闸的方式。

这两个作用都是通过位置不对应来实现的。所谓位置不对应是指二次设备 KK 开关和一次设备断路器的工作状态不对应。比如，KK 开关在"合闸后"位置，但断路器因保护动作出口分闸或偷跳等原因"自行分闸"而处于分闸位置；或者 KK 开关在"分闸后"位置，但断路器因自动重合闸装置误动作出口等原因"自行合闸"而处于合闸位置，都属于位置不对应。

二、1KK、1KSH、1QK 的触点图表

小雨 2116 线测控屏上装设了断路器控制开关 1KK、远方/就地/检修切换开关 1KSH、同期/非同期切换开关 1QK，这三只万能转换开关的触点图表如图 3-20 所示。

KK触点位置表

触点 运行方式	1-2 5-6	3-4 7-8
预合 合后	↑	–	–
合	↗	×	–
预分 分后	←	–	–
分	↘	–	×

KSH触点位置表

触点 运行方式	1-2 3-4 5-6	7-8 9-10 11-12	13-14 15-16 17-18 19-20
检修	↗	–	×	–
就地	↑	–	–	×
远方	↘	×	–	–

QK触点位置表

触点 同期方式	1-2 5-6	3-4 7-8
同期	↑	×	–
非同期	←	–	×

图 3-20　小雨 2116 线测控屏 1KK、1KSH、1QK 触点图表

常规变电站断路器的控制开关 KK 的手柄一般有四个位置，与传统变电站中常见的六个位置有所不同。

第九节　断路器的分、合闸线圈

我们平常所说的分、合闸线圈实际上是指分、合闸电磁铁，线圈只是电磁铁组成部分之一。分、合闸电磁铁是高压断路器中的电动控制分、合闸回路的核心部件。在高压断路器中，分、合闸是利用给分、合闸线圈通电后产生的电磁作用，把电能转化为机械能，使分、合闸线圈的衔铁（带动顶杆）来撞击断路器的分、合闸操动机构中储能系统的锁扣元件，使之释放能量，从而使断路器分、合闸。

一、分、合闸电磁铁

分闸电磁铁和合闸电磁铁的工作原理完全相同，都是依据磁力线的基本特性制成：磁力线总是沿着磁阻最小的路径闭合，并力图缩短磁通路径以减小磁阻。

图 3-21 所示是 3AQ1-EE 型断路器的分闸电磁铁，型号为 3AX6017-0，该电磁铁主要由铁芯、线圈、衔铁、导套、壳体、复位弹簧及顶杆等组成。其中，线圈是由铜线绕成的中空的带铁芯的圆柱形线圈，线圈通电后吸引衔铁沿套筒向下运动（右图），与衔铁一起运动的顶杆向左运动（左图），撞击液压操动机构中的分闸阀门，由操动机构带动断路器动触头分闸。分闸电磁铁的主要技术参数为电压 220V、功率 610W、电阻 79Ω。

3AQ1-EE 型断路器的合闸电磁铁结构同分闸电磁铁，主要技术参数为电压 220V、功率 323W、电阻 150Ω。

图 3-21　分闸电磁铁

线圈中的电流为直流电流，在每次分、合闸过程中，直流电磁线圈中的电流都会随时间变化。电磁铁线圈中的电流波形中蕴含着很多重要信息，该波形反映电磁铁本身以及所控制的阀门或脱扣器在操动过程中的工作情况。图 3-22 是分、合闸操作过程中流过线圈的典型电流波形。

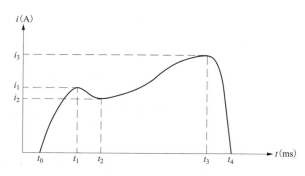

图 3-22　电流波形

在图 3-22 中，t_0 为分、合闸命令到来的时刻，此时线圈开始通电，是断路器本体整个分、合闸动作的起始点；t_1 表示衔铁开始运动的时刻，此时线圈中电流、磁通上升到足以驱动衔铁运动，衔铁开始移动，但实际的衔铁始动时刻一般要略早于 t_1；t_2 代表衔铁带着顶杆触动操动机构的负载后显著减速或停止移动的时刻，此时衔铁停止运动；t_3 为断路器的辅助触点切断控制回路的时刻，电流开始减小，直到 t_4 时刻电流减为 0，整个动作结束。因此，线圈电流波形对应的特征参数主要有时间量 t_0、t_1、t_2、t_3、t_4 和电流量 i_1、i_2、i_3，这几个参数既可以反映电源电压、线圈电阻以及电磁铁衔铁运行的速度信息，还可以作为分析断路器动作行为的参考。

t_1-t_0 与控制电源电压及线圈电阻有关，这一阶段的特点是电流呈指数上升，衔铁处于静止状态；t_2-t_1 这段时间内衔铁运动，电流下降，曲线的变化反映了电磁铁衔铁的运动是否有卡涩、脱扣、释能机械负载变动情况；t_4-t_0 或 t_4-t_1 可以反映操动系统的运动情况。电流波形上的 i_1、i_2、i_0 还可以反映电源电压、线圈电阻及衔铁运行速度等信息。分析以上参数的变化可诊断断路器机械故障的趋势，尤其是拒分和拒合等故障。

当分、合闸脱扣电磁铁在长期运行中发生弯曲变形、锈蚀或脏污粘滞使电磁铁动作不畅甚至导致断路器拒动时，电流波形会发生明显上抬或向右偏移。针对这种情况，安装霍尔电流传感器监测电流信号，对线圈电流进行监测，通过提取事件发生的相对时刻，根据时间间隔来判断故障征兆是一种有效手段。

二、快速分闸线圈

当基于系统稳定性考虑，要求断路器快速分闸来快速隔离故障时，可采用快速分闸线圈。快速分闸线圈就是在分闸回路串接一个阻容并联回路，即 RC 加速设计。利用换路瞬间电容中的电压不能突变的原理，保证在分闸瞬间流过分闸线圈的电流足够大，加快分闸过程。图 3-23 是一组 RC 元件实物照片，RC 并联回路在控制回路图中的接线情况可参见图 4-15 及其说明。

图 3-23　RC 元件实物照片

需要指出，有关反措要求"断路器二次回路不应采用 RC 加速设计"。

第十节　关于"四统一"和"六统一"

正确理解变电站二次回路的要领之一是必须厘清所分析对象在设计时所依据的规程规范。

一、"四统一"设计规范

1982 年 7 月，原水电部、机械部联合发文，组织开展高压线路继电保护"四统一"设计。所谓"四统一"是指统一的设计技术条件、统一的接线回路、统一的元件符号、统一的端子排编号。1987 年 10 月，按"四统一"设计要求研制成功的 55 套高压线路保护产品通过两部委的技术鉴定，其中就包括和控制回路关系非常密切的操作箱。

二、"六统一"设计规范

随着微机保护的普遍应用，因各厂家微机保护配置和功能不标准、不规范而引发的一些问题也逐渐在装置运行中暴露出来：一是微机保护装置设计、制造、应用的非标准化问题突出；二是各厂家微机保护装置的对外接口和回路配合要求各不相同；三是由于缺乏统一的标准，导致同一类型的保护装置出现多个地区性版本。为规范继电保护设备制造和工程设计，方便调度运行和检修维护，提高继电保护运行可靠性，国家电力调度通信中心组织编写了"六统一"设计规范。

1. Q/GDW 161—2007《线路保护及辅助装置标准化设计规范》

Q/GDW 161 是从 2007 年 10 月 31 日开始实施的，对保护装置功能配置、回路设计、端子排布置、接口标准、屏柜压板、保护定值报告格式六个方面作出统一规范，简称"六统一"设计规范。

（1）功能配置统一的原则。解决各地区保护配置和组屏方式的差异造成的保护不统一。

（2）回路设计统一的原则。解决各地区运行习惯和设计原则不同造成的二次回路差异。

（3）端子排布置统一的原则。按照"功能分区，端子分段"的原则，解决交直流回路、输入输出回路在端子排上排列位置不规范的问题。

（4）接口标准统一的原则。对继电保护装置接口的数量、类型等配置原则进行规范，避免出现不同时期、不同厂家保护装置接口杂乱无序的问题。

（5）屏柜压板统一的原则。对继电保护压板数量、颜色进行规范，对压板进行优化设计，减少不必要的压板，以方便现场运行。

（6）保护定值、报告格式统一的原则。提出标准的保护定值和打印报告格式，为现场运行维护创造条件。

2. Q/GDW 1161—2014《线路保护及辅助装置标准化设计规范》

Q/GDW 1161 是从 2014 年 4 月 1 日开始实施的，替代 Q/GDW 161，一般称为新"六统一"设计规范，与 Q/GDW 161 相比的主要技术差异如下：

（1）增加了智能变电站保护装置相关要求。

（2）增加了保护功能配置表，保护功能由基础型号功能、选配功能组成。

（3）修改了附录 A 中的保护装置定值清单，增加了附录 C 智能化保护装置接口信息。

在进行具体回路分析时，应注意一些变电站的设备是在"六统一"设计规范应用之前就已经投入运行，因此在保护功能、组屏原则、外部接线、压板配置、定值整定、操作方式及运行注意事项等方面是遵循"四统一"设计规范的，而新建站或老站改、扩建又可能会遵循"六统一"设计规范，一定要注意区别和对比。

参 考 文 献

[1] 许正亚. 电力系统自动装置 [M]. 北京：中国电力出版社，1980.

[2] 王梅义. 四统一高压线路继电保护装置原理设计 [M]. 水利电力出版社，1990.

[3] 邹森元.《电力系统继电保护及安全自动装置反事故措施要点》案例分析 [M]. 中国电力出版社，

2005.

[4] 王树春，丁建中. 微机保护开关量误动原因分析及其改进措施 [J]. 电力自动化设备，2004，24（12）：78-80.

[5] 刘栋梁. 从 3 起故障看微机保护装置中密封继电器存在的问题及解决建议 [J]. 电力系统控制与保护，2008，36（20）：97-99.

[6] 杨韧，汪金星，陈琦，等. 一起 330kV SF$_6$ 高压断路器非全相运行原因分析 [J]. 陕西电力，2010：58-60.

[7] 代群威，焦峰. 高压断路器机械特性在线监测的研究 [J]. 中国电业，2011，7：5-9.

[8] 孙银山，张文涛，张一茗，等. 高压断路器分合闸线圈电流信号特征提取与故障判别方法研究 [J]. 高压电器，2015，51（9）：134-139.

[9] 国家电网公司运维检修部. 国家电网公司十八项电网重大反事故措施（修订版）及编制说明 [M]. 北京：中国电力出版社，2012.

第四章

断路器控制回路

断路器的大部分信号回路是依附于控制回路的，所以透彻地掌握断路器控制回路是进行信号分析的基础。为便于深入分析，本章首先从二次回路设计角度解析断路器控制回路的基本要求和分级控制的概念，介绍 3AQ1-EE 型断路器的液压操动机构和主要二次元件，以及断路器辅助开关及其动作时序；然后，详细分析配置液压操动机构断路器的控制回路，并将分析重点放在断路器分、合闸线圈回路监视和电气防跳之间的关联关系，对比分析了普通分闸线圈和快速分闸线圈的两类分闸回路、操作箱防跳和断路器本体防跳的差异及相互间配合，还介绍了分闸同步的概念和接线；最后，以 3AP1-FI 型断路器为例简单介绍了采用弹簧操动机构的断路器控制回路。

请读者注意： 从本章开始将分析各种二次回路，由于剖析的是生产现场实例，而该实例中断路器端子箱的端子排没有命名，故采用在二次回路中属于断路器端子箱的端子编号的左下方标注"*"的方法加以提示。该实例中还存在第一块线路保护屏屏后左侧端子排和测控屏屏后左侧端子排的命名均为 1D 的情形，为了区别，在二次回路图中属于第一块线路保护屏屏后左侧端子排 1D 的端子编号的左下方标注"**"。

🗼 第一节　对断路器控制回路的基本要求

要深入理解断路器控制回路，最佳的切入点是仔细解读相关设计规程对断路器控制回路的基本要求。

一、对断路器控制回路的基本要求

在 DL/T 5136—2012《火力发电厂、变电站二次接线设计技术规程》中，对断路器控制回路提出的五点要求可视作基本要求，具体如下：

（1）应有电源监视，并宜监视分、合闸线圈回路的完整性。

（2）应能指示断路器合闸与分闸的位置状态，自动合闸或分闸时，应能发出报警信号。

（3）合闸或分闸完成后应使命令脉冲自动解除。

（4）有防止断路器"跳跃"的电气闭锁装置，宜使用断路器机构内的防跳回路。

（5）接线应简单可靠，使用电缆芯最少。

二、对基本要求的解读

（1）对第一点要求的解读：这里的电源是指断路器直流控制电源，控制电源的地位是基础性的，因为一旦失去电源，断路器根本无法操作。因此，无论何种原因，当断路器控制电源消失时，应发出声、光信号，提示相关人员及时处理。

分、合闸线圈回路是断路器执行保护和控制功能的基本回路，正常运行时应保持完整和可靠，通常是用分闸位置继电器和合闸位置继电器实现对这两种回路的监视。

（2）对第二点要求的解读：在正常情况下断路器应稳定地处于合闸位置或分闸位置，自动合闸或分闸属于严重异常或事故性质，应发出报警来提醒相关人员进行处理，报警形式主要是发出事故总信号光字及启动相应音响。

（3）对第三点要求的解读：断路器的操动机构动作需要一定的时间，分、合闸时主触头运动到规定位置也要有一定的行程，因此为了保证断路器能可靠地动作，分、合闸命令需要保持一定的时间。为了加快断路器的动作，增加分、合闸线圈中电流的增长速度，需尽可能减小分、合闸线圈的电感量，分、合闸线圈都是按短时带电设计的。因此，分、合闸操作完成后，必须自动断开分、合闸回路，否则会烧坏分闸或合闸线圈。通常由断路器的辅助开关触点自动断开分、合闸线圈回路。

（4）对第四点要求的解读：发生"跳跃"对断路器是非常危险的，容易引起机构损伤，甚至可能造成断路器爆炸，故必须采取闭锁措施。防跳回路的设计应使断路器出现"跳跃"时将断路器闭锁在分闸位置。

与 DL/T 5136—2012 的前一版（DL/T 5136—2001）中没有明确防跳回路的选用原则不同，本版明确优先使用断路器机构内的防跳回路，也就是本体防跳回路。

（5）对第五点要求的解读：满足前面四条要求的前提下，力求使控制回路接线简单，采用的设备和使用的电缆芯数最少。

三、对断路器控制回路的其他要求

除上述基本要求外，根据电压等级、操动机构以及应用环境等的不同，对断路器控制回路还有许多其他要求。

1. 双重化要求

在电力系统发生故障时，即使继电保护装置正确动作，但断路器失灵而拒动，故障仍不能被切除，势必酿成严重的后果。断路器的可靠工作和灭弧机构（断口部分）、操动机构、控制回路、控制电源有关。其中，灭弧机构和操动机构的可靠性取决于断路器的制造技术水平，控制回路和控制电源这两部分的可靠性的提高则主要取决于断路器二次回路的设计。一般在 187kV 以上系统中，断路器拒动中 72% 是由控制回路不良引起的，采用双重化后拒动率降到原来的 1/3.6。所以，为了保证可靠地切除故障，220、500kV 断路器采用双重化的分闸回路是非常必要的。

通常 220kV 以上断路器的操动机构都配有两个独立的分闸线圈，能满足双重化的要求。在设计控制回路时，应有两个独立的分闸回路，两个分闸回路的控制电缆也应分开。

2. 操作动力监视

作为一种自动电器，除配用电磁操动机构的型号外，断路器要事先储备好操作动力，以应付不时之需。当断路器的操作动力消失或不足时，例如，弹簧机构的弹簧未拉紧，液压或气压机构的压力降低到一定程度时，应闭锁断路器的动作，并发出信号。

3. SF_6气体压力

220kV 以上的断路器大都采用 SF_6 作为绝缘和灭弧介质，当 SF_6 气体压力降低致使断路器不能可靠运行时，也应闭锁断路器的动作并发出信号。

四、分级控制和控制方式

无论继电保护和自动装置是如何配置的，最后都是通过控制回路出口来驱动操动机构实现分合闸的。无论是在运维站、调控中心、站控层监控系统后台的监控画面上操作，还是在间隔层测控装置液晶面板上操作，或者是利用间隔层测控屏上的 KK 开关、就地的分、合闸按钮操作，最后都是通过控制回路出口来驱动操动机构实现分合闸的。因此，断路器作为电网的主要控制和保护电器，其控制回路无疑是变电站所有二次回路中最为重要的。同时也应该看到，控制地点存在多层次性、控制方式存在多样性，需要采取措施以防止混乱。主要措施就是分级控制，基本原则是遵守操作唯一性原则。

1. 分级控制

所谓分级控制，就是根据控制地点的不同，将断路器控制分成就地控制、远方控制和遥控控制，并遵守操作唯一性原则。就地控制是指在断路器机构箱或（H）GIS 装置就地控制柜（汇控柜）上的控制；远方控制是指在间隔层设备和站控层监控系统后台上的控制；遥控控制则是指在运维站、调控中心所进行的控制。就控制优先级而言，这三类地点的优先级排列顺序是从高到低，也就是越接近设备越高。

为实现分级控制，设置了远方/就地切换机制：

（1）在测控屏测控装置面板上设置了远方/就地切换按键。

（2）在测控屏测控装置下方设置了远方/就地/检修切换开关，如本书介绍的小雨2116 线间隔测控屏上的 1KSH。有的地方设置的是远方/就地切换开关。

（3）在断路器机构箱上设置了远方/就地切换开关。不同地点的"远方""就地"所指是不同的，如测控屏上的"远方"是指监控后台、调控中心和运维站，"就地"是指测控屏；断路器机构箱上的"远方"是指除本身以外的各控制点，"就地"是指机构箱本身。只有断路器机构箱上的远方/就地切换开关所指的"远方""就地"才是符合一般认知的。

基于上述认识，根据远方即远离现场的地方的原则，将控制分成远方控制和就地控制两大类。以断路器安装位置作为基准，远方控制是指在测控屏或比测控屏更远的控制地点所进行的控制，包括遥控在内；就地控制则专指在断路器机构箱所进行的控制。

2. 控制方式

控制方式有时也称为操作方式，可归结为手动控制和自动控制两种。

（1）手动控制是指由运维人员或调控人员通过运维站（调控中心）、变电站监控后台、变电站现场测控装置液晶画面、测控屏上 KK 开关和断路器就地操作按钮对一次设备进行的操作，属于人为操作。

现在常提到的顺序控制实质上是由计算机执行一批指令，计算机是在人为发出指令后才开始执行指令，最多算得上半自动控制，也属于广义的手动控制范畴。

（2）自动控制。就断路器自动控制而言，自动控制是指当运行设备发生异常或事故时，由保护装置、自动重合闸装置等自动感知、自动判断并自动发出分闸指令或合闸指令导致的分、合闸行为。

断路器发生变位后应进行对位操作，即将控制开关手柄位置切换到与断路器运行状态一致。

综合上面关于分级控制和控制方式的论述，本书在讨论控制回路时，统一按远方手动分合闸、就地手动分合闸、自动分合闸三种情形展开。

第二节　液压操动机构和主要二次元件

本书主要讨论西门子 3AQ1-EE 型断路器的控制和信号回路，该型断路器的一次部分已在第二章进行了讨论，而液压系统是该型断路器故障发生最多的部位，因此本节主要介绍该型断路器的液压操动机构和主要二次元件。

一、液压操动机构原理

3AQ1-EE 型断路器的液压回路如图 4-1 所示，图中带黑点的线条表示低压油路，不带黑点的线条则表示高压油路。

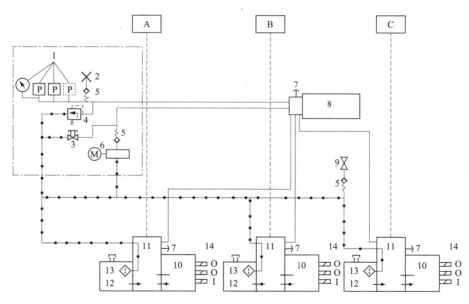

图 4-1　3AQ1-EE 型断路器液压回路图

1—油压计和压力表；2—测量接点；3—泄压阀；4—安全阀；5—逆止阀；6—油泵；7—排气阀；8—液压储能筒；9—放油阀；10—阀块；11—液压缸；12—油箱；13—滤油缸；14—分合闸脱扣器

1. 预充压力

在断路器投运前，液压储能筒活塞的一侧已预充氮气至 20MPa 左右，另一侧则连通高压油路。储能时油泵将油打入液压储能筒高压油一侧，预充氮气被压缩，达到设定压力 32MPa 以上时停止，液压储能筒活塞两侧压力动态平衡。当因操作、内部泄漏、环境温度下降及氮气泄漏等因素使压力下降至 32MPa 以下时，油泵电源接通将油重新从油箱打入液压储能筒。当压力达到 32MPa 时，借助油压计 B1 以及一只相连的时间继电器的控制作用，在约 3s 之后油泵停止工作。

2. 环境温度变化

环境温度的变化会引起 N_2 气体压力的变化，从而影响液压储能筒的工作能力。图 4-2 所示的是环境温度变化导致液压储能筒工作能力发生变化的情况，图中的每条曲线都是反映在某一环境温度下，进入储油筒的液压油体积与压力之间的关系，即补输油压力升高曲线。

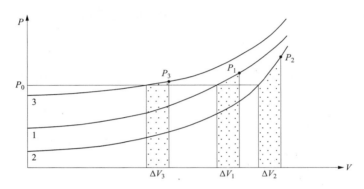

图 4-2　环境温度变化导致液压储能筒工作能力发生变化

若环境温度下降，曲线 1 将向曲线 2 移动，由此造成液压储能筒的工作能力减小；若环境温度上升，曲线 1 将向曲线 3 移动，造成液压储能筒的工作能力增加。

在不同的环境温度下，压力达到 P_0 后，由时间继电器控制的输油量是相同的（$\Delta V_1 = \Delta V_2 = \Delta V_3$），但在不同的曲线上得到不一样的压力值 P_1、P_2、P_3，显然 $P_2 > P_1 > P_3$。

3. N_2 泄漏时的情形

当 N_2 泄漏时，活塞的工作行程将向止挡管的方向扩大，如图 4-3 所示。在及时补压的情况下，压力却在越来越短的时间内降至 32MPa；另外，补输油的压力升高曲线越来越陡峭，致使每时间单元中油泵打压次数增加。

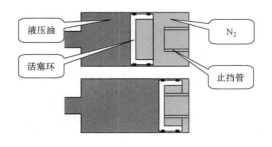

图 4-3　氮气泄漏打压时活塞的止挡

N_2泄漏的最终状态是液压储能筒内的活塞撞在止挡管上,压力在由时间继电器设定的输油时间内迅速上升至35.5MPa,N_2泄漏油压计动作,在时间继电器动作之前油泵停机,并且发出"N_2泄漏"信号,断路器立即闭锁合闸。此种情况下,液压储能筒工作能力一般还能保持3h,3h后断路器闭锁分闸。

二、断路器机构箱中主要元件

3AQ1-EE 型断路器的控制元件主要布置在断路器机构箱里。采用普通分闸线圈的 3AQ1-EE 型断路器机构箱中主要元件如表 4-1 所示。

表 4-1   3AQ1-EE 型断路器机构箱中的主要元件

序号	编 号	名 称
1	K2	油压合闸闭锁继电器
2	K3	第一组油压分闸闭锁继电器
3	K4	自动重合闸闭锁继电器
4	K5	第一组 SF_6 总闭锁继电器
5	K81	N_2 泄漏合闸总闭锁继电器
6	K103	第二组油压分闸闭锁继电器
7	K105	第二组 SF_6 总闭锁继电器
8	K9	油泵打压接触器
9	K10	第一组分闸总闭锁接触器
10	K12LA、K12LB、K12LC	A、B、C 相合闸总闭锁接触器
11	K61	三相不一致第一组强行分闸接触器
12	K63	三相不一致第二组强行分闸接触器
13	K77	就地分闸中间接触器
14	K55	第二组分闸总闭锁接触器
15	K182	N_2 泄漏复位接触器
16	K7LA、K7LB、K7LC、K8LB、K8LC	防跳继电器
17	K64	三相不一致启动第二组时间继电器
18	K82	N_2 泄漏闭锁分闸回路时间继电器
19	K14	第一组 N_2 分闸闭锁时间继电器
20	K15	油泵打压时间继电器
21	K16	三相不一致启动第一组时间继电器
22	K67	打压超时告警时间继电器
23	H1、H2、H3	A、B、C 相动作记数器
24	H4	油泵启动计数器
25	B1	油压计

序号	编　号	名　称
26	B4	SF$_6$密度计
27	M1	电动机
28	F1	电动机电源空气开关
29	F3	加热器电源空气开关
30	S4	漏N$_2$及三相不一致动作后复位开关
31	S8	远方/就地切换开关
32	S9	就地合闸按钮
33	S3	就地分闸按钮
34	Y1LA、Y1LB、Y1LC	A、B、C相合闸线圈
35	Y2LA、Y2LB、Y2LC	A、B、C相第一组分闸线圈
36	Y3LA、Y3LB、Y3LC	A、B、C相第二组分闸线圈
37	S1LA、S1LB、S1LC	A、B、C相断路器辅助开关
38	R1、R2、R3、R4、R51	加热电阻

其中，第一组分闸总闭锁元件 K10、第二组分闸总闭锁元件 K55 和合闸总闭锁元件 K12 等采用的是直流接触器，所有时间继电器都是电子式时间继电器。辅助开关、分闸线圈、合闸线圈分别安装在三个单相操动机构中。

若要采用快速分闸线圈和分闸同步接线时，还要增加相应的阻容元件和分闸同步接触器 K11。

第三节　断路器辅助开关和其触点动作时序

断路器辅助开关不但在断路器控制和信号回路中扮演着极为重要的角色，而且其触点还是母差等保护的重要开入量，本节以 3AQ1-EE 型断路器的辅助开关为例进行探讨。

一、断路器辅助开关

在 3AQ1-EE 型断路器的每个单相操动机构中都有一个辅助开关。在每相机构的所有二次元件中，辅助开关无疑处于核心地位。

如图 4-4 所示，辅助开关是借助方轴旋转带动动触片旋转，通过动、定触片的接通和分断来实现触点状态的转换。而方轴的旋转是依靠一套机械联动装置实现的。当断路器进行分、合闸操作时，操动机构在实现断路器动主触头运动的同时，通过联动装置带动辅助开关的方轴旋转。

图 4-5 还给出了断路器辅助开关主要触点类型的动作时序示意图。

图 4-4 断路器辅助开关

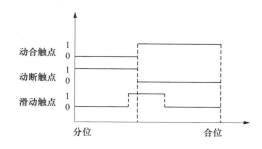

图 4-5 断路器辅助开关触点动作时序示意图

二、断路器辅助开关的触点类型

3AQ1-EE 型断路器辅助开关的触点类型和标准时间如表 4-2 所示。

表 4-2   **3AQ1-EE 型断路器辅助开关的触点类型和标准时间**

序号	触点类型	合闸过程标准时间（ms）	分闸过程标准时间（ms）
1	动合（常开）触点	116.0±7.0	29.0±5.0
2	动断（常闭）触点	68.0±7.0	46.0±5.0
3	滑动触点	46.0±7.0	34.7±5.0
4	勾头触点		

由表 4-2 可进一步了解各类触点的动作时序，其中：

滑动触点用于断路器动作次数计数、分闸同步接触器线圈回路（参见本章第五节），是一种特殊的触点。在断路器处于分闸位置或合闸位置时，滑动触点均断开；在合闸过程中，滑动触点先于动合触点接通，保持接通状态约 50ms 后断开；在分闸过程中，滑动触点先于动断触点接通，保持接通状态约 20ms 后断开。

勾头触点用于断路器本体电气防跳回路（参见本章第七节），勾头触点是一种特殊的动合触点，在合闸过程中先于普通动合触点接通。

🗼 第四节　断路器远方手动合闸回路

本节讨论除在断路器机构箱就地用按钮进行断路器合闸操作回路外的手动合闸回路，即远方手动合闸回路，就地手动分、合闸回路在第六节介绍。

一、断路器远方手动合闸回路概述

断路器的远方手动合闸回路是一个级联回路，由多个回路组成，这些回路间存在明确的传递关系。除必须涉及的直流电源部分外，这些回路将分布在测控装置、操作箱、断路器端子箱、断路器机构箱和各相断路器机构中的各种元件联系起来使能合闸电磁铁，由合闸电磁铁驱动操动机构，进而由操动机构带动断路器合闸。

图 4-6 所示的是 3AQ1-EE 型断路器合闸回路在机构箱和各相机构中的部分，即本体

部分。受纸张幅面限制，为便于阅读，图中只给出了 A 相的合闸线圈回路监视接线，B、C 相的合闸线圈回路监视接线和 A 相类似。

在正常运行时，远方/就地切换开关 S8 是置于"远方"位置，其动合触点（13，14）、（23，24）、（33，34）是接通的，而动断触点（41，42）是断开的，因而只能进行远方操作。

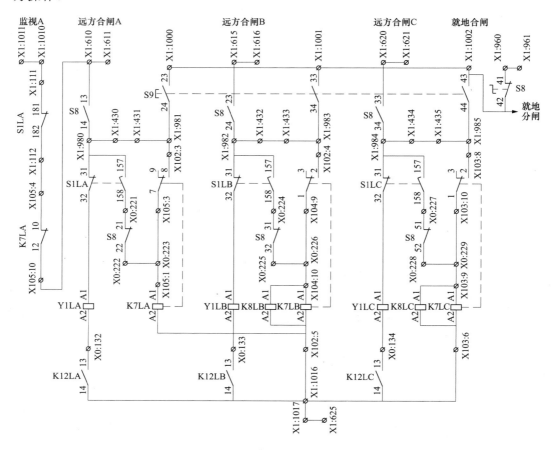

图 4-6 断路器合闸回路（本体部分）

显然，图 4-6 只是整个断路器控制回路的一部分，要全面分析断路器控制回路还需要查阅测控装置、操作箱等部分的图纸，再结合多张端子排图、电缆联系图等才能将回路读通，有一定难度，也需要一定的技巧。

本书将根据二次回路的内在特点，采用以下方法来解决这个问题。

（1）绘制出包括电源接线在内的完整回路来说明一个功能回路的全部路径，这样实现回路功能的要点就一目了然。

（2）对回路间有信息传递和回溯的多回路系统，如断路器分闸回路，分成分闸控制回路和分闸线圈回路进行分析，使层次清晰、易于理解。

在上述两点基础上，再结合常规二次图进行分析就能较好掌握二次回路原理。这种方法同样适用于本书后面章节中对信号回路的分析。

二、远方手动合闸回路中的合闸控制回路

作为 220kV 线路断路器，小雨 2116 线的断路器采用分相操动机构，即每相配置一个操动机构，每相的二次回路是一样的。这里以 A 相为例分析远方手动合闸回路，如图 4-7 所示。

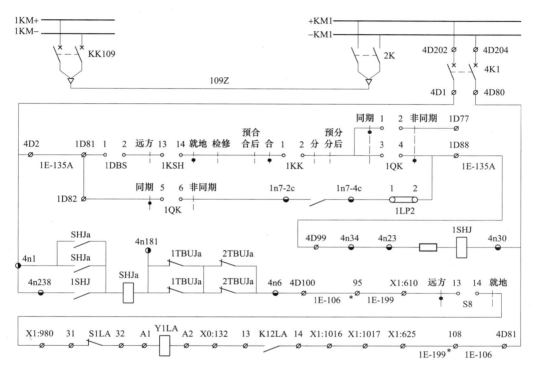

图 4-7　断路器远方手动合闸完整回路（A 相）

在图 4-7 中实际有两个回路，上面的回路是合闸控制回路，主要元件是 1KK 开关、远方/就地/检修切换开关 1KSH、同期/非同期切换开关 1QK、远控合闸出口压板 1LP2、手合继电器 1SHJ 以及电编码锁 1DBS 等，其核心元件是 1SHJ。下面的回路是合闸线圈回路，其核心元件是 A 相合闸电磁铁线圈 Y1LA。

1. 监控后台/调控中心/运维站远方手动合闸

合闸控制回路由电源接线、测控屏接线、操作箱接线等组成，各部分之间通过电缆 1E-135A 连接。

（1）电源接线。合闸控制回路由第一组直流控制电源空气开关 4K1 供电，4K1 接自屏顶小母线 KM1。在正常运行方式下，直流小母线 KM1 的电源来自直流馈电屏一上的 KK109，其路径是 KK109 合上后经直流电缆 109Z 到另一条 220kV 线路保护屏屏后的 2K 刀闸，经 2K 后上屏顶，可参见第二章第二节。

（2）测控屏接线。在 1D82 端子和 1D88 端子之间是测控屏接线，该部分接线是两个并联回路，一路是监控后台或调控中心或运维站远方手动合闸的控制回路，另一路是测控屏上 1KK 开关远方手动合闸的控制回路。

（3）操作箱接线。在 4D80 端子和 4D99 端子之间是操作箱接线，接入的是手动合闸继电器 1SHJ 的线圈，这是一个电压型线圈。当 1SHJ 线圈励磁动作后，该继电器在合闸线圈回路中的 1SHJ 触点接通。

为便于对比分析，给出了断路器远方手动分、合闸控制回路（操作箱部分），如图 4-8 所示。

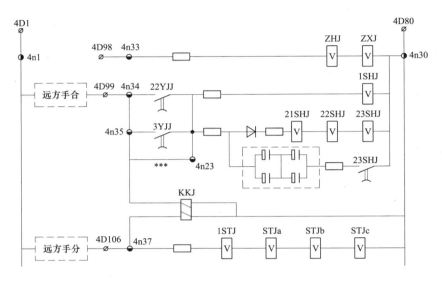

图 4-8　断路器远方手动分合闸控制回路（操作箱部分）

图 4-8 中的"***"强调 4n35 端子和 4n23 端子之间已短接，短接的是压力低禁止合闸触点。

2. 测控屏上 1KK 开关远方手动合闸

在测控屏上的测控装置下方一般设置有 1KK 开关、远方/就地/检修切换开关 1KSH。但如前所述，这里的"就地"并非真的就地，真正的"就地"应是位于配电装置现场的断路器机构箱。

测控屏上 1KK 开关远方手动合闸的分析仍依据图 4-7。合闸控制回路由电源接线、测控屏接线、操作箱接线等组成，各部分之间通过电缆 1E-135A 连接。

（1）电源接线。同监控后台/调控中心/运维站远方手动合闸的电源接线。

（2）测控屏接线。1D81 端子至 1D88 端子之间的接线是测控屏接线，分成非同期合闸和同期合闸两条支路。

非同期合闸支路：当 1DBS 正确解锁、1KSH 切换到"就地"位置、1QK 切换到"非同期"位置时，将 1KK 手柄转到"合闸"位置，手动合闸继电器 1SHJ 将励磁动作。具体路径是：1D81 端子→1DBS（1，2）→1KSH（13，14）→1KK（1，2）→1QK（3，4）→1D88 端子。显然，远方非同期手动合闸并不经过远控合闸出口压板 1LP2，因此进行远方手动非同期合闸应十分慎重。

同期合闸支路：当其他条件不变，而 1QK 切换到"同期"位置时，这时的路径是：

1D81 端子→1DBS（1，2）→1KSH（13，14）→1KK（1，2）→1QK（1，2）→1D77 端子，并不是直接连接手动合闸继电器 1SHJ 线圈，而是作为一个开入量开入到测控装置，如图 4-9 所示。

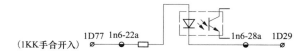

图 4-9　远方手动合闸同期开入

若测控装置判定符合同期条件时，才会开出一个开关量作为合闸命令，进而实现同期合闸。路径是：1D82 端子→1QK 的触点（5，6）→测控开出触点（1n7-2c，1n7-4c）→1LP2→1D88 端子，也就是说，真正的合闸命令是由测控装置发出的。

测控装置 PLC 同期逻辑如图 4-10 所示。

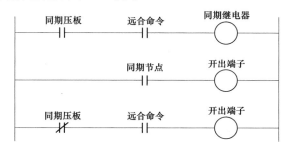

图 4-10　PLC 同期逻辑

在同期方式软压板投入时，当收到远方合闸命令时，则 PLC 启动一个同期继电器。此时装置管理插件（MASTER）向交流测量插件（AI）发出同期指令，AI 插件收到同期指令后开始根据同期方式软压板的状态和同期定值判断是否具备同期条件，判定满足条件后输出开出端子，实现同期合闸。在同期方式软压板没有投入时，当收到远方合闸命令时，则无需进行同期条件判断，直接输出开出端子，此种方式相当于非同期合闸。

应注意的是，图 4-10 所示逻辑只是原理性逻辑，实际同期逻辑还应考虑同期/非同期切换开关 1QK 的位置、断路器的分合位置等因素。

（3）操作箱接线。同监控后台/调控中心/运维站远方手动合闸的操作箱接线。

可见，进行远方手动同期合闸的基本前提是 1QK 处于"同期"位置、1LP2 放上，且测控装置工作正常。当测控装置故障或失电时，是无法进行同期合闸的，这点需要特别注意。

三、远方手动合闸回路中的合闸线圈回路

这里以 A 相为例，合闸线圈回路由电源接线、操作箱接线、断路器端子箱接线、断路器机构箱接线等组成，各部分通过电缆 1E-106、1E-199 连接。

（1）电源接线。同合闸控制回路。

（2）操作箱接线。在 4D2 端子和 4D100 端子之间的接线是操作箱接线，顺序接入 1SHJ 动合触点、SHJa 线圈、1TBUJa 动断触点、2TBUJa 动断触点。

（3）断路器端子箱接线。第一组直流控制电源的正电源在经历操作箱接线后，经电缆 1E-106 到断路器端子箱，继而经电缆 1E-199 到断路器机构箱。在经历断路器机构箱接线后，经电缆 1E-199 到断路器端子箱，再经电缆 1E-106 返回负电源。

（4）断路器机构箱接线。X1:610 端子和 X1:625 端子之间是断路器机构箱接线，顺序接入远方/就地切换开关 S8 的触点（13，14）、辅助开关 S1LA 的动断触点（31，32）、合闸线圈 Y1LA、合闸总闭锁接触器 K12LA 的动合触点（13，14）等。

若整个合闸线圈回路没有其他断点，当合闸控制回路中的手合继电器 1SHJ 励磁动作后，其动合触点接通，SHJa 线圈励磁动作，SHJa 并联在 1SHJ 动合触点上的动合触点接通实现自保持。

为便于对比分析，给出了断路器合闸线圈回路（操作箱部分，A 相），如图 4-11 所示。

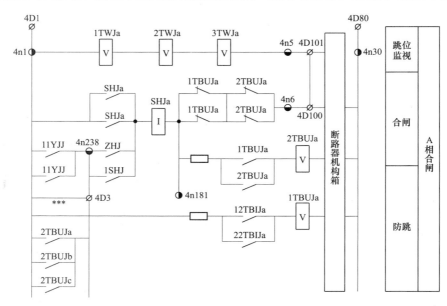

图 4-11　断路器合闸线圈回路（操作箱部分，A 相）

图 4-11 中的"***"强调 4n1 端子和 4n238 端子之间已短接，短接的是压力低禁止第一组分闸触点。在图 4-14 中的 4n2 端子和 4n239 端子之间也是短接的，只不过短接的是压力低禁止第二组分闸触点。

四、合闸脉冲展宽回路

在图 4-8 所示的断路器远方手动分合闸控制回路中，虚线框内的是合闸脉冲展宽回路。

当远方手动合闸时，除 1SHJ 动作外，21SHJ、22SHJ、23SHJ 也动作，其触点分别送给保护和重合闸，作为手合加速、手合放电等用途。

由电阻和电容构成手动合闸脉冲展宽回路。当远方手动合闸时，电容充电。当手合触点返回后，电容器向 21SHJ、22SHJ、23SHJ 放电使其继续动作一段时间，该时间大于400ms，以保证当手合到故障线路上时保护可以加速动作。

在 RCS-900 系列保护中，有手合触点 SHJ 开入时，在其开入上沿置"手合标志"，经 400ms 将"手合标志"清零，即手合后 400ms 内发生的故障均可实现手合加速功能。

🗼 第五节　断路器远方手动分闸回路

本节讨论断路器远方手动分闸，也就是远方人为分闸，包括调控中心分闸操作、运维站分闸操作、监控后台分闸操作和测控屏上 KK 开关分闸操作，但不包括自动分闸，也不包括在断路器机构箱处用分闸按钮进行的断路器就地分闸操作。

一、远方手动分闸回路概述

同远方手动合闸回路类似，断路器的远方手动分闸回路也可以分成分闸控制回路和分闸线圈回路。除必然涉及的直流电源部分外，这些回路将分布在测控装置、操作箱、断路器机构箱、断路器机构中的各种元件联系起来使能分闸电磁铁，由分闸电磁铁驱动操动机构，进而由操动机构带动断路器分闸。

图 4-12 所示的是断路器第一组分闸线圈回路在断路器机构箱和机构中的接线，即本体部分接线。图中的远方/就地切换开关 S8 在正常时是置于"远方"位置，其动合触点（43，44）、（53，54）、（63，64）是接通的，可以进行远方手动分闸操作。此时，就地手动操作回路中的动断触点（41，42）是断开的，闭锁了就地手动分、合闸操作（参见图4-6）。图 4-12 中的虚框部分是采用快速分闸线圈时才采用的。

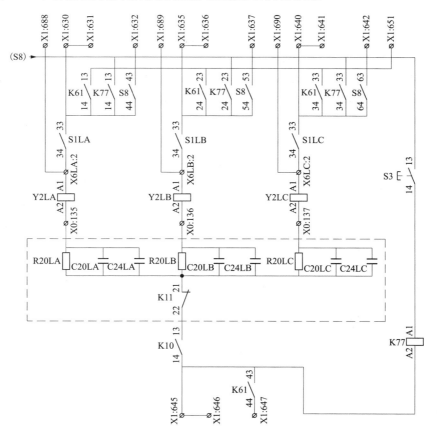

图 4-12　断路器分闸回路（本体部分，第一组）

二、远方手动分闸回路中的分闸控制回路

远方手动分闸都是三相操作，分闸回路是双重化设计的，每相有两个分闸线圈，但每相的回路是一样的，为节省篇幅，可选择一相进行分析，这里以 A 相为例。图 4-13 所示的是远方手动分闸回路（A 相，分闸线圈 1）。图中，上部是分闸控制回路，主要元件是 1KK 开关、远方/就地/检修切换开关 1KSH、远控分闸出口压板 1LP1、手动分闸继电器 1STJ、STJa、STJb、STJc 以及电编码锁 1DBS 等。

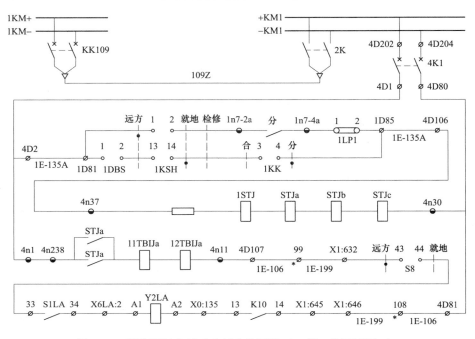

图 4-13　断路器远方手动分闸完整回路（A 相，分闸线圈 1）

1. 监控后台/调控中心/运维站远方手动分闸

远方手动分闸控制回路是由电源接线、测控屏接线、操作箱接线等组成，各部分之间通过电缆 1E-135A 连接。

（1）电源接线。第一组分闸控制回路由第一组直流控制电源空气开关 4K1 供电，4K1 接自屏顶直流小母线 KM1。KM1 的上一级电源有两个来源，一个来源是 220V 直流母线 Ⅰ 段上馈线空气开关 KK109，经 109Z 电缆到另一条 220kV 线路保护屏后的刀闸 2K，经 2K 后上屏顶；另一个来源是 220V 直流母线 Ⅱ 段上馈线空气开关 KK209，经 110Z 电缆、刀闸 6K、刀闸 8K 上屏顶。正常运行时，8K 是断开的、2K 是合上的，也就是 4K1 是由 220V 直流母线 Ⅰ 段供电的。

（2）测控屏接线。在 1D81 端子和 1D85 端子之间是测控屏接线，顺序接入远方/就地/检修切换开关 1KSH、测控装置分闸开出（1n7-2a，1n7-4a）和远控分闸出口压板 1LP1 等。

（3）操作箱接线。在 4D106 端子和 4D80 端子之间是操作箱接线，这部分接入的是手动分闸继电器 1STJ、STJa、STJb、STJc。

监控后台/调控中心/运维站远方手动分闸控制回路是很简单的，当1KSH处于"远方"位置、1LP1放上时，只要系统开出分闸命令（1n7-2a，1n7-4a），STJa、STJb、STJc即励磁动作，它们的动合触点就会去启动分闸线圈回路。

2. 测控屏上1KK开关远方手动分闸

测控屏上1KK开关远方手动分闸控制回路和监控后台/调控中心/运维站远方手动分闸控制回路的区别在于测控屏接线部分。

（1）电源接线。同监控后台/调控中心/运维站远方手动分闸的电源接线。

（2）测控屏接线。在1D81端子和1D85端子之间是测控屏接线，顺序接入电编码锁1DBS、远方/就地/检修切换开关1KSH和控制开关1KK等。

（3）操作箱接线。同监控后台/调控中心/运维站远方手动分闸的操作箱接线。

当1DBS正确解锁、1KSH处于"就地"位置时，可以用1KK进行分闸操作，使手动分闸继电器STJa、STJb、STJc励磁，STJa、STJb、STJc分别用两副动合触点去启动两组分闸回路。应注意此时分闸回路并不经过1LP1。

三、远方手动分闸回路中的分闸线圈1回路

在图4-13中，下部是分闸线圈1回路，由电源接线、操作箱接线、断路器端子箱接线、断路器机构箱接线等组成，各部分通过电缆1E-106、1E-199连接。

（1）电源接线。同监控后台/调控中心/运维站远方手动分闸的电源接线。

（2）操作箱接线。在4D1端子和4D107端子之间的是操作箱接线，顺序接入手动分闸继电器STJa并接的两副动合触点、分闸保持继电器11TBIJa线圈、操作箱防跳继电器12TBIJa线圈。

（3）断路器端子箱接线。第一组直流控制电源的正电源在经历操作箱接线后，经电缆1E-106到断路器端子箱，继而经电缆1E-199到断路器机构箱。在经历断路器机构箱接线后，经电缆1E-199到断路器端子箱，再经电缆1E-106返回负电源。

（4）断路器机构箱接线。在X1:632端子和X1:646端子之间的是断路器机构箱接线，顺序接入远方/就地切换开关S8的触点（43，44）、辅助开关S1LA的动合触点（33，34）、第一组分闸线圈Y2LA、第一组分闸总闭锁接触器K10的动合触点（13，14）等。

断路器正常运行情况下，K10应是励磁的，其串入分闸回路的动合触点接通，使断路器分闸操作成为可能。当断路器在某些条件下（如SF_6闭锁、操作电源消失等），K10失磁，其串入分闸回路的动合触点断开，闭锁分闸回路。

应注意的是，所有安装在保护屏的保护装置动作后，其分闸命令的执行均需借助断路器机构箱内的控制回路，若S8处于"就地"位置，保护分闸命令将无法执行。

四、远方手动分闸回路中的分闸线圈2回路

图4-14所示是远方手动分闸回路中的分闸线圈2回路，由电源接线、操作箱接线、断路器端子箱接线、断路器机构箱接线等组成，各部分通过电缆1E-110、1E-199a连接。

（1）电源接线。分闸线圈2回路由第二组直流控制电源空气开关4K2供电，4K2则

接自屏顶小母线 KM2。在正常运行方式下，小母线 KM2 的电源来自直流馈电屏二上的空开 KK210，其路径是 KK210 合上后经 210Z 电缆到另一条 220kV 线路保护屏二的 3K 刀闸，经 3K 后上屏顶。

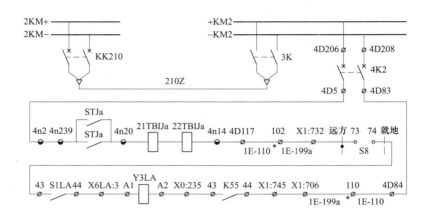

图 4-14　断路器远方手动分闸完整回路（A 相，分闸线圈 2）

（2）操作箱接线。在 4D5 端子和 4D117 端子之间的是操作箱接线，顺序接入手动分闸继电器 STJa 并接的两副动合触点、分闸保持继电器 21TBIJa 线圈、操作箱防跳继电器 22TBIJa 线圈等。

（3）断路器端子箱接线。第二组直流控制电源的正电源在经历操作箱接线后，经电缆 1E-110 到断路器端子箱，继而经电缆 1E-199a 到断路器机构箱。在经历断路器机构箱接线后，经电缆 1E-199a 到断路器端子箱，再经电缆 1E-110 返回负电源。

（4）断路器机构箱接线。在 X1:732 端子和 X1:706 端子之间是断路器机构箱接线，顺序接入远方/就地切换开关 S8 的触点（73，74）、辅助开关 S1LA 的动合触点（43，44）、分闸线圈 Y3LA、第二组分闸总闭锁接触器 K55 的动合触点（43，44）等。

断路器正常运行情况下，K55 应是励磁的，其串入分闸回路的动合触点接通，使断路器分闸操作成为可能。当断路器在某些条件下（如 SF$_6$ 闭锁、操作电源消失等），K55 失磁，其串入分闸回路的动合触点断开，闭锁分闸回路。

五、采用快速分闸线圈的分闸线圈回路

当系统要求断路器快速分闸时，3AQ1-EE 型断路器可采用快速分闸线圈，这样分闸时间可控制在 24±3ms 以内，这时采用图 4-15 所示的分闸回路。图中，R20LA 阻值为 75Ω，C20LA、C24LA 电容值均为 130μF。根据换路定律，当回路带电瞬间，电容相当于短路，分闸线圈能获得较大的电流，快速动作，故称为快速分闸线圈。

六、分闸同步

断路器合闸操作后，灭弧室的绝缘水平和灭弧能力的恢复需要一定时间，恢复后才可进行分闸操作，这就要求保证一定的合—分时间，否则可能导致分闸操作失败。合—分时间是指合闸操作中第一极触头接触时刻到随后的分闸操作中所有极弧触头都分离时刻的时间间隔。合—分时间过去曾称为金属短接时间，代表重合又再分时动、静触头处于接通的时间区段。合—分时间长，对系统稳定性不利，合-分时间短，则不利于断路器可靠开断。采用分闸同步设计能够加长合—分时间。

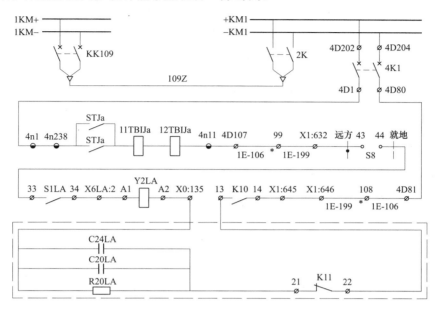

图 4-15　断路器第一组分闸线圈完整回路（快速分闸线圈，A 相）

在图 4-15 中，虚线框内的 K11 为分闸同步接触器触点，图 4-16 所示的是 K11 线圈回路。

由于断路器在正常重合闸过程中，其辅助开关的滑动触点先于一般动合触点接通，保持接通状态约 50ms 后断开。也就是说，在滑动触点接通期间 K11 是励磁的，它串接在分闸回路中的动断触点是断开的，断路器是无法分闸的，从而加长了合-分时间。

若在断路器合闸过程中，出现某一相合闸不到位，并使该相辅助开关的滑动触点保持接通，那么分闸同步接触器 K11 将持续励磁。这时，K11 串接在第一组分闸回路中的动断触点（21，22）保持断开，切断分闸回路。此时相当于分闸总闭锁，将闭锁断路器分合闸回路，待处理正常后方可操作。

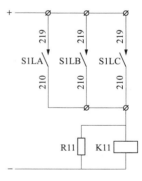

图 4-16　分闸同步接触器
K11 线圈

类似地，在第二组分闸回路中也设置了分闸同步接触器 K18 来实现相同功能，K18 串接在回路中的动断触点是（31，32）。

应注意的是，小雨 2116 线的断路器分闸回路在设计时未考虑 K11 回路。图 4-15 只是为了说明分闸同步原理，实例可参见图 4-28 及其说明。

第六节　断路器就地手动分合闸回路

断路器就地手动分、合闸回路是很简单的。要注意的只有一点，就是就地手动分闸只使用第一组分闸线圈。

一、就地手动合闸回路

断路器就地手动合闸完整回路（A 相）如图 4-17 所示。就地手动合闸回路由电源接线、断路器端子箱接线和断路器机构箱接线构成，各部分通过电缆 1E-106 和 1E-199 连接。

（1）电源接线。采用的是第一组直流控制电源。

（2）断路器端子箱接线。第一组直流控制电源的正电源经电缆 1E-106 到断路器端子箱，继而经电缆 1E-199 到断路器机构箱。在经历断路器机构箱接线后，经电缆 1E-199 到断路器端子箱，再经电缆 1E-106 返回负电源。

（3）断路器机构箱接线。在 X1:960 端子和 X1:625 端子之间是断路器机构箱接线，顺序接入远方/就地切换开关 S8 的触点（41，42）、就地合闸按钮 S9 的触点（23，24）、辅助开关 S1LA 的动断触点（31，32）、合闸线圈 Y1LA、合闸总闭锁接触器 K12LA 的动合触点（13，14）等。

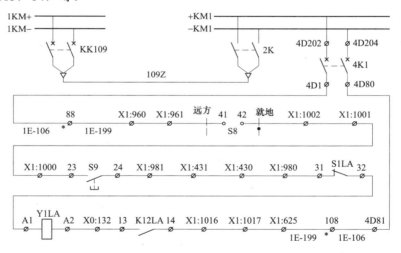

图 4-17　断路器就地手动合闸完整回路（A 相）

当 S8 处于"就地"位置时，按下 S9，断路器就合闸。

二、就地手动分闸回路

图 4-18 所示为断路器就地手动分闸完整回路（A 相）。就地手动分闸回路由电源接线、断路器端子箱接线和断路器机构箱接线构成，各部分通过电缆 1E-106 和 1E-199 连接。

（1）电源接线。与就地手动合闸回路一样，采用的是第一组直流控制电源。

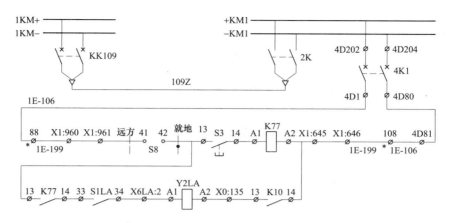

图 4-18　断路器就地手动分闸完整回路（A 相）

（2）断路器端子箱接线。第一组直流控制电源的正电源经电缆 1E-106 到断路器端子箱，继而经电缆 1E-199 到断路器机构箱。在经历断路器机构箱接线后，经电缆 1E-199 到断路器端子箱，再经电缆 1E-106 返回负电源。

（3）断路器机构箱接线。在 X1:960 端子和 X1:646 端子之间是断路器机构箱接线，首先接入远方/就地切换开关 S8，然后接两条并联支路。一条支路接入就地分闸按钮 S3、就地分闸中间接触器 K77 线圈；另一条支路接入就地分闸中间接触器 K77 的动合触点（13，14）、辅助开关 S1LA 的动合触点（33，34）、第一组分闸线圈 Y2LA 和第一组分闸总闭锁接触器 K10 的线圈等。

当 S8 在"就地"位置时，其触点（41，42）接通。此时远方分闸回路被切断，断路器的分闸只能通过 S3 实现。按下 S3，K77 励磁，其动合触点（13，14）接通，Y2LA 励磁，驱动操动机构使断路器分闸。

第七节　断路器电气防跳回路

电气防跳功能的实现是断路器操作回路设计的核心，也是理解断路器控制回路的要点和难点。本节将在介绍断路器"跳跃"的概念及各种防跳方法的基础上，分析完整的电气防跳回路，并将重点放在操作箱防跳和断路器本体防跳的配合上。

一、基本概念

1. 断路器的"跳跃"

断路器出现连续多次分闸、合闸的动作即是所谓的"跳跃"。

2. 断路器"跳跃"的危害

若断路器所接回路上存在永久性故障，"跳跃"对断路器来说是致命的，很可能会导致断路器爆炸。这是由断路器的基本技术特性决定的，只要注意到断路器的操作循环一般为 C-O-0.3s-CO-180s-C 便可理解这一点。

若是在做传动试验时，因断路器防跳回路有问题而发生"跳跃"，虽不至于爆炸，但也会对断路器造成一定的损伤，如机件的疲劳、变形、断裂等。断路器防跳回路的传动试验方法是使用控制开关合上断路器，并在整个传动试验过程中使断路器的控制开关手柄保持在"合闸"位置，然后用短接线逐相短接分闸回路的方法跳开断路器。如防跳回路完好，则断路器应只跳开 1 次且不再重合。

3. 断路器发生"跳跃"的原因

简单地讲，当出现了合闸命令和分闸命令同时存在的情况时，断路器就会发生"跳跃"。当一次回路存在永久性故障，而合闸命令因某种原因"保持"时，断路器由保护出口分闸后，其合闸回路会再次接通，断路器再次合闸，然后又一次分闸，并如此循环往复。

合闸命令较长一段时间"保持"的原因一般是合闸触点"粘连"，具体可能是遥控合闸出口触点、自动装置合闸出口触点的"粘连"，也可能是控制开关合闸触点的"粘连"。此处的"粘连"可能是触点烧结，也可能是触点卡涩，人为地将控制开关"保持"在合闸位置也会有同样的效果。

4. 机械防跳

为防止断路器"跳跃"，可以在断路器操动机构中加入机械闭锁结构或在断路器控制回路中加入防跳回路，所以防跳措施有机械防跳和电气防跳两种。前者在操动机构上设置相应构造，如使操动机构的结构本身具有防跳性能，后者则是在断路器控制回路中装设防跳装置。

（1）机械防跳的早期代表是 CD2 和 CD10 型电磁操动机构，它们所配套的 SN2-10 型和 SN10-10 型断路器曾在电力系统中占很大比例。这两种都是电磁操动机构，一般被认为本身具有机械防跳性能，无须在断路器的控制回路上再装设电气防跳装置。

（2）ABB 公司近些年推出的新 VD4 型断路器的机械防跳采用了新的原理，它用两个线圈替代传统的分闸线圈，分别称为动作线圈和保持线圈，并在脱扣器中集成了一套控制保护电路来决定两个线圈的工作状态。

以合闸为例，当脱扣器接受到的合闸命令（电压）高于设定的门槛电压，也就是 60% 的二次额定工作电压时，在前 0～100ms 时间内，脱扣器控制模块通过电子开关接通动作线圈，脱扣器启动并推动断路器机构完成合闸动作，动作线圈功率为 200W。

经过 100ms 后，控制电路模块通过电子开关关断，断开动作线圈，同时通过电子开关接通保持线圈。保持线圈的功率仅为 5W，保持电流仅为极低的数十毫安，线圈发热量极少。由于电磁铁的特性，此毫安级的电流足以使铁芯被可靠保持在吸合位置。由于脱扣器铁芯不返回，操动机构机械闭锁无法完全解除，断路器不会再合闸。只有当外界合闸命令取消并重新发出后，断路器才会被合闸。

二、电气防跳

实现电气防跳的方法是在断路器控制回路中装设防跳继电器。要注意的是，通常在断路器的控制回路中有两套电气防跳回路，一套是操作箱内的防跳回路（操作箱防跳），另一套是断路器机构箱内的防跳回路（断路器本体防跳），因此相应的防跳继电器有两套。还要注意的是，虽然目前要求采用断路器本体防跳，但存量断路器的技改进程并不统一，因此还存在大量采用操作箱防跳回路的情形。

1. 断路器本体串联防跳原理

串联防跳是指电流线圈启动、电压线圈保持的断路器防跳回路，图4-19是串联防跳回路的简图。

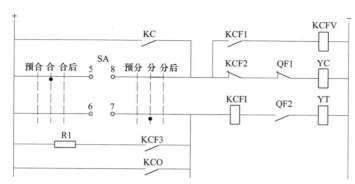

图 4-19　串联防跳回路简图

SA—断路器的控制开关；KC—自动合闸出口继电器；KCO—保护出口触点；KCF—防跳继电器；

R1—电阻，阻值1Ω；YC—合闸线圈；YT—分闸线圈

图 4-19 中的防跳继电器有两个线圈：①KCFI 为电流线圈，串接于分闸线圈 YT 回路，作用是启动防跳回路；②KCFV 为电压线圈，和自身动合触点 KCF1 一起与合闸线圈 YC 并接，作用是实现防跳继电器自保持。

当手动或自动合闸到有永久性故障的电网上时，保护装置动作使其出口触点 KCO 接通，YT 动作，使断路器分闸。分闸电流也流过 KCFI 线圈，因此 KCF 动作，其动断触点 KCF2 断开合闸回路，其动合触点 KCF1 接通自保持回路。若此时合闸触点发生"粘连"，则 KCFV 经控制开关 SA 的（5，8）触点或自动合闸出口继电器 KC 的动合触点励磁而使 KCF2 保持在断开状态，这样合闸回路就保持在断开状态，断路器在 SA 的（5，8）触点断开或 KC 复归前无法再次合闸，从而实现了防跳。

由于分闸回路为电感性回路，回路电流在接通以后有逐渐上升的过程，为保证电流线圈可靠启动，我国标准规定电流线圈的启动电流为分闸回路额定电流的 50%。

需要指出，串联防跳中的 KCF3 起着分闸命令保持作用，保证断路器能够可靠分闸，并防止 KCO 因在 QF2 断开之前断开而烧毁。

2. 断路器本体并联防跳原理

并联防跳一般是电压操作型防跳，ABB、西门子、施耐德等国外厂家采用得较多。并联防跳可以采用 1～2 只电压型继电器，具体实现形式很多。下文述及的小雨 2116 线就地手动合闸时采用的就是并联防跳形式。

三、小雨 2116 线 CZX-12R2 型操作箱电气防跳回路

小雨 2116 线的电气防跳回路尚未经过技术改造，因此远方合闸采用操作箱防跳，断路器机构箱就地合闸采用断路器本体防跳，下面分析操作箱防跳原理。

由图 3-11 所示的断路器第一组分闸线圈回路（操作箱部分，A 相）可知，操作箱防跳属于串联防跳。当合闸到故障线路，保护装置动作使断路器分闸时，分闸回路中的

11TBIJa、12TBIJa（均为电流型线圈）励磁动作。应注意的是，操作箱厂家说明书上将11TBIJa 称为分闸保持继电器是正确的，但将 12TBIJa 也称为分闸保持继电器是不合适的，因为它是标准的防跳继电器，用于实现串联防跳的电流线圈启动。第二组分闸线圈回路中的 21TBIJa、22TBIJa 也是同样情况。

图 4-20 所示的是操作箱电气防跳回路（A 相）的自保持回路。12TBIJa、22TBIJa 的动合触点接通，使分闸保持继电器 1TBUJa（电压型线圈）励磁动作，1TBUJa 动作后使分闸保持继电器 2TBUJa（电压型线圈）励磁动作，2TBUJa 励磁动作后：

（1）通过 2TBUJa 自身动合触点在合闸脉冲存在的情况下实现自保持；

（2）2TBUJa 串接在合闸线圈回路的两副动断触点（并联）断开，切断合闸线圈回路。

其结果是，只要合闸脉冲存在，合闸线圈回路就是断开的，从而避免断路器多次分合。而且，在 2TBUJa 励磁动作前，1TBUJa 串接在合闸线圈回路的两副动断触点（并联）就已经断开，从而切断了合闸线圈回路。

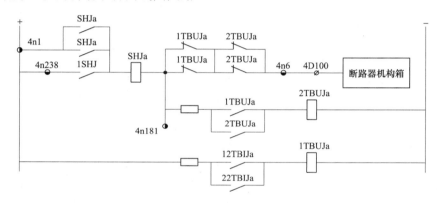

图 4-20　操作箱电气防跳回路自保持（A 相）

若远方手动合闸采用断路器本体的防跳功能，则需要对操作箱的相关回路进行处理，一方面需要继续利用防跳继电器的分闸保持功能，另一方面解除对合闸回路的闭锁。有两种方法可以采用：①断开电压保持线圈的回路，实施过程比较复杂，一般不推荐采用；②短接合闸回路中防跳继电器的动断触点，如在图 4-20 中只要短接 4n6 和 4n181 即可实现，是广泛采用的方法。

四、小雨 2116 线 3AQ1-EE 型断路器本体电气防跳回路

小雨 2116 线断路器机构箱就地合闸采用断路器本体防跳。分析断路器本体电气防跳回路，也应从断路器合闸到故障回路入手，并同时假定合闸脉冲保持、回路上的故障是永久性的。本体防跳功能是依靠防跳继电器 K7 及其触点实现的，可参考图 4-6 3AQ1-EE 型断路器合闸回路（本体部分）。

以 A 相为例，在正常情况下，K7LA 继电器是不励磁的。在断路器合闸的后半程，断路器的辅助开关勾头触点 S1LA（157，158）会提前接通，若此时合闸脉冲已消失，K7LA 也不会励磁；但若合闸脉冲一直存在，例如合闸按钮 S9 的动合触点（23，24）按下后未返回，则防跳继电器 K7LA 励磁动作，K7LA 的转换动合触点（7，8）接通，进行自保持；K7LA 励磁后，其转换动断触点将 K12LA 线圈回路切断，使 K12LA 失磁，如图 4-21 所示。这时，K12LA 串入合闸回路的动合触点（13，14）断开，闭锁断路器合闸回路，从而实现防跳功能。

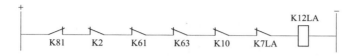

图 4-21　合闸总闭锁接触器 K12LA 线圈回路（A 相）

五、防跳继电器动作时间和断路器动作时间的配合问题

《国家电网公司十八项电网重大反事故措施（修订版）》第 15.2.12 条要求"防跳继电器动作时间应和断路器动作时间配合"。防跳继电器的动作是需要时间的，这点常被忽略。实测某型断路器机构内防跳继电器动作时间约为 50ms，时间过长。若防跳继电器线圈带电触点还未动作时，断路器已经完成分闸，准备转入合闸状态，防跳继电器线圈会失电，将导致防跳功能失效。因此，防跳继电器动作时间应不大于断路器辅助开关触点的切换时间。

🗼 第八节　断路器分、合闸线圈回路监视

本节分析断路器分、合闸线圈回路监视问题，重点内容是分闸位置继电器和合闸位置继电器及其回路，并指出相应插件上实际配置的元件和操作箱二次回路图上所绘的元件之间可能存在的差别。此外，还详细介绍了合后位置继电器的作用和功能。

一、分闸位置继电器/合闸位置继电器（TWJ/HWJ）

分闸位置继电器/合闸位置继电器（TWJ/HWJ）布置在操作箱的分、合闸插件上。

1. TWJ/HWJ 的作用

（1）提供断路器位置指示。顾名思义，TWJ/HWJ 的主要作用是提供断路器位置指示。TWJ 并接于合闸回路，该回路在断路器合闸线圈之前串有断路器动断辅助触点。当断路器在分位时，其动断辅助触点接通，TWJ 线圈带电，TWJ=1 表明断路器在分位。HWJ 回路并接于分闸回路，该回路在断路器分闸线圈之前串有断路器动合辅助触点。当断路器在合位时，其动合辅助触点接通，HWJ 线圈带电，HWJ=1 表明断路器在合位。

（2）监视控制回路是否完好。在正常情况下，不论断路器处于何状态，TWJ 和 HWJ 必有一个带电，状态为 1。如果全为 0，则代表控制回路异常，即控制回路断线。

注意：当断路器在分位时，其实合闸线圈是带电的，整个合闸回路也是导通的，但回路中电流很小，不足以使合闸线圈动作。这是因为 TWJ 为电压线圈，线圈本身电阻较大，加上回路串联的电阻，总阻值约 40kΩ（测量控制电源正极和 TWJ 负端）；而国内断路器分合闸线圈为电流型，其阻值较小（50～200Ω），所以控制电压大部分加在 TWJ 上而不是合闸线圈上。TWJ 线圈串联的电阻，也是为了防止 TWJ 线圈击穿短路，导致合

闸线圈误动。当远方手动合闸时,合闸回路接通,相当于直接将 TWJ 短接,控制电压直接加在合闸线圈上,使线圈励磁动作。HWJ 回路同此基本一致。

2. 习惯表示法

断路器位置可以用合位也可以用分位表示,保护专业和自动化专业习惯采用的位置信号略有不同。按照习惯,保护程序判断断路器位置一般采用 TWJ,比如备用电源自动投入装置需接入的断路器位置都采用 TWJ。远动监控程序一般都采用 HWJ,如果只有TWJ,往往还要在数据库里取反。

3. 图实不符的问题

微机装置一般由多块插件组成,有时候插件上继电器数量与厂家原理图上绘制的数量可能不相符。比如 CZX-12R2 型操作箱的分闸位置继电器 TWJ,在厂家提供的装置原理图上,1TWJ、2TWJ、3TWJ 各只有一只,可参见图 4-23。而在分相合闸插件上实际是各有两只,再查阅分板电路图,结果还是各有两只。

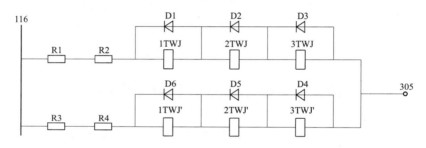

图 4-22　分闸位置继电器分板电路

图 4-22 所示的是分相合闸插件分板电路图的一部分。很明显,在分板电路图上确实是各有两只,这是一种特殊的"图实不符"或"图图不符"。造成这种情形的原因应该是单只继电器的触点数量不敷使用。这种情况对回路分析,特别是回路异常分析是有一定影响的,在分析回路时应注意这点。

4. 断路器实际位置和位置继电器状态的关系

断路器实际位置是指其主触头的接通和断开情况,是一种机械位置,但由于无法通过直接观察得知,所以通常用辅助开关的触点状态来表征。而 TWJ 和 HWJ 线圈动作与否是由断路器辅助开关触点状态决定的,同时还受回路本身状态的影响,因此用TWJ/HWJ 的触点表示断路器状态不一定可靠。比如,断路器在合位时 HWJ=1,若此时控制电源消失,HWJ=0。

为了避免发生这种情况,有些保护装置提供了"断路器位置"这个经过程序判断处理后的状态量。正常情况下,TWJ 和 HWJ 状态是相反的,程序会判为状态有效,断路器状态和位置继电器状态是一致的;当 TWJ 和 HWJ 全部变为 0 或全部变为 1 时,程序认为该状态变位为无效状态,断路器位置还会保持原状态不变。为验证这一点,可以做个试验,先让断路器在合位,看开关量状态,HWJ 和断路器位置都为 1;再拉开断路器控制电源空气开关,此时 HWJ=0,但断路器状态不变,仍为 1。

二、合闸线圈回路监视

断路器合闸线圈回路监视是由分闸位置继电器（TWJ）实现的，如图 4-23 所示，由电源接线、操作箱接线、断路器端子箱接线和断路器机构箱接线等组成，通过电缆 1E-106 和 1E-199 连接。

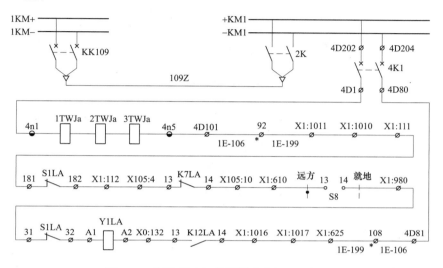

图 4-23　断路器合闸线圈回路监视（A 相）

（1）电源接线。断路器合闸线圈回路监视由第一组直流控制电源 4K1 供电。

（2）操作箱接线。在 4D1 端子和 4D101 端子之间的接线是操作箱接线，接入的是分闸位置继电器 1TWJa、2TWJa、3TWJa 的线圈。

（3）断路器端子箱接线。第一组直流控制电源的正电源在经历操作箱接线后，经电缆 1E-106 到断路器端子箱，继而经电缆 1E-199 到断路器机构箱。在经历断路器机构箱接线后，经电缆 1E-199 到断路器端子箱，再经电缆 1E-106 返回负电源。

（4）断路器机构箱接线。在 X1:1011 端子和 X1:625 端子之间是断路器机构箱接线，顺序接入辅助开关 S1LA 的动合触点（181，182）、防跳继电器 K7LA 的动断触点（13，14）、远方/就地切换开关 S8 的触点（13，14）、辅助开关 S1LA 的动合触点（31，32）、A 相合闸线圈 Y1LA 和合闸总闭锁接触器 K12LA 的动合触点（13，14）等。

显然，正常情况下当断路器处于分闸位置、S8 处于"远方"位置时，3 只分闸位置继电器都是励磁状态，其动合触点是接通的、动断触点是断开的。

三、分闸线圈回路监视

断路器分闸线圈回路监视是由合闸位置继电器（HWJ）实现的。对分闸线圈回路进行监视的重要性要高于对合闸线圈回路的监视，这是因为合闸线圈回路断线仅会造成重合闸失败，而分闸线圈回路断线会在发生事故时造成分闸失败而扩大事故范围。

HWJ 有两组，分别对应两组分闸回路。当断路器处于合闸状态，HWJ 处于励磁状态。断路器分闸线圈回路监视如图 4-24 和图 4-25 所示，均由电源接线、操作箱接线、断路器端子箱接线和断路器机构箱接线组成，各部分通过电缆 1E-106 和 1E-199 连接。

下面主要以 A 相第一组分闸线圈回路为例进行分析。

（1）电源接线。第一组分闸线圈回路监视由第一组直流控制电源 4K1 供电。

（2）操作箱接线。在端子 4D1 和端子 4D107 之间是操作箱接线，接入 11HWJa、12HWJa、13HWJa 线圈。

（3）断路器端子箱接线。第一组直流控制电源的正电源在经历操作箱接线后，经电缆 1E-106 到断路器端子箱，继而经电缆 1E-199 到断路器机构箱。在经历断路器机构箱接线后，经电缆 1E-199 到断路器端子箱，再经电缆 1E-106 返回负电源。

（4）断路器机构箱接线。在 X1:632 和 X1:646 之间是断路器机构箱接线，顺序接入远方/就地切换开关 S8 的触点（43，44）、辅助开关 S1LA 的动合触点（33，34）、第一组分闸电磁铁的线圈 Y2LA、第一组分闸总闭锁接触器 K10 的动合触点（13，14）等。

当断路器正常运行、S8 处于"远方"位置时，11HWJa、12HWJa、13HWJa 都是励磁动作状态，其动合触点接通，动断触点断开。

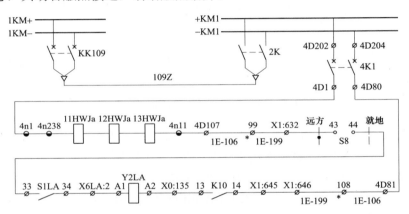

图 4-24 第一组分闸线圈回路监视（A 相）

当回路中出现断点时，11HWJa、12HWJa、13HWJa 就会失磁，会由 11HWJa 的动断触点发出"控制回路断线"信号，可参见图 6-25。

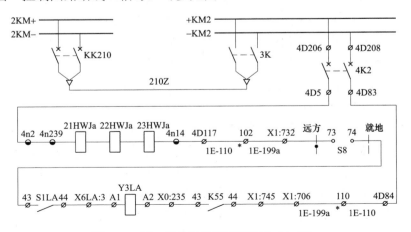

图 4-25 第二组分闸线圈回路监视（A 相）

第二组分闸线圈回路监视的供电电源是第二组直流控制电源，但基本原理和第一组分闸线圈回路监视是相同的，不再赘述。

第九节　配置弹簧操动机构的断路器控制回路

本章前几节讨论的对象都是配置液压机构的断路器的控制回路，但近年来配置弹簧操动机构或弹簧储能液压机构的断路器应用越来越广泛，因此本节选择比较典型的3AP1-FI 型 220kV 断路器来讨论这类断路器控制回路的特点。

一、3AP1-FI 型断路器结构特点

3AP1-FI 型断路器是西门子产品，配置弹簧操动机构，利用弹簧拉伸和收缩所储存的能量进行合、分闸控制，弹簧能量的建立和储存是由储能电动机实现的。灭弧系统采用自能气吹原理，利用电弧能量来灭弧，操动机构所需的能量减小。由于操作力较小，使得机械受力较小，提高了断路器的可靠性。

3AP1-FI 型断路器如图 4-26 所示，其弹簧储能机构安装在简洁、紧凑、无锈的铸铝外壳内，合闸弹簧和分闸弹簧均从机壳外清晰可见，整个操动机构和极柱的 SF_6 气室完全分开。

图 4-26　3AP1-FI 型断路器

二、3AP1-FI 型断路器的主要二次元件

3AP1-FI 型断路器采用分相操动机构，每相操动机构设置 1 个分控柜，由 1 个中控柜来集中控制，中控柜安装在 B 相断路器上。

1. 中控柜内主要二次元件

表 4-3 给出了 3AP1-FI 型断路器中控柜内的主要二次元件。

2. 分控柜内主要二次元件

表 4-4 给出了 3AP1-FI 型断路器分控柜内的主要二次元件。

和液压操动机构的 3AQ1-EE 型断路器相比，在采用弹簧操动机构的 3AP-FI 型断路

器的二次元件中储能系统的控制元件数量大为减少，使控制回路简单了不少。

表4-3   3AP1-FI型断路器中控柜内主要二次元件

序号	编号	名　称
1	S4	三相不一致强跳复归按钮
2	S8	远方/就地切换开关
3	S9	就地合闸按钮
4	S3	就地分闸按钮
5	E1	门灯
6	K10	合闸和第一组分组总闭锁继电器
7	K55	第二组分组总闭锁继电器
8	K16	三相不一致时间继电器
9	K61	三相不一致强跳分闸1中间继电器
10	K63	三相不一致强跳分闸2中间继电器
11	K76	就地合闸中间继电器
12	K77	就地分闸中间继电器
13	K67	电动机储能超时报警继电器
14	K75LA、K75LB、K75LC	A相、B相、C相防跳继电器
15	K15	三相弹簧储能监视闭锁合闸继电器
16	K38	加热器继电器
17	K9LA、K9LB、K9LC	A相、B相、C相电动机控制接触器
18	F1LA、F1LB、F1LC	A相、B相、C相储能电源空气开关
19	F2	门灯及插座电源空气开关
20	F3	加热器电源开关（总控制柜）
21	P1LA、P1LB、P1LC	A相、B相、C相分合闸计数器
22	X106	插座

表4-4   3AP1-FI型断路器分控柜内主要二次元件

序号	编号	名　称
1	M1LA、M1LB、M1LC	A相、B相、C相弹簧储能电动机
2	B4LA、B4LB、B4LC	A相、B相、C相SF$_6$气体泄漏、闭锁微动开关
3	Y1LA、Y1LB、Y1LC	A相、B相、C相合闸线圈
4	Y3LA、Y3LB、Y3LC	A相、B相、C相分闸线圈1
5	Y4LA、Y4LB、Y4LC	A相、B相、C相分闸线圈2

三、3AP1-FI型断路器合闸回路

由于是简述，所以不再区分合闸控制回路和合闸线圈回路，而统称为合闸回路，后

面叙述分闸回路时也是如此。

图 4-27 所示的是 3AP1-FI 型断路器的 A 相合闸回路。应注意的是，本节所讨论的例子中，无论是远方合闸操作还是就地合闸操作，在设计时都采用断路器本体防跳装置，因此在就地防跳继电器 K75LA 回路中，对就地合闸中间继电器 K76 的动合触点进行了人为短接。还应注意，此时操作箱防跳回路已取消，可参见本章第七节。

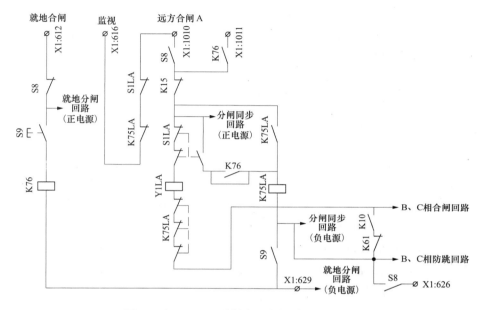

图 4-27 3AP1-FI 型断路器合闸回路（A 相）

K10—合闸和第一组分组总闭锁继电器；K15—三相弹簧储能监视闭锁合闸继电器；K75LA—A 相防跳继电器；

K61—三相不一致强跳分闸 1 中间继电器；K76—就地合闸中间继电器；S1LA—A 相断路器辅助开关；

S8—远方/就地切换开关；S9—就地合闸按钮；Y1LA—合闸线圈

1. 远方合闸

远方合闸是分相的，这里以 A 相为例。进行远方合闸操作前，应先确认远方/就地切换开关 S8 处于"远方"位置，此时 S8 的动合触点接通、动断触点断开。从操作箱来的正电源（合闸命令）在 X1:1010 端子接入断路器机构箱，经 S8 的动合触点、K15 的动断触点、S1LA 串接的 2 副动断触点，接入合闸线圈 Y1LA，再经 K75LA 串接的 3 副动断触点、K10 的动合触点、K61 的动断触点、S8 的动合触点接到 X1:626，并从这个端子离开断路器机构箱经电缆回到操作箱（负电源）。

断路器合闸时，其辅助开关触点状态随动切换，当防跳回路中 S1LA 的动合触点接通，K75LA 励磁动作。K75LA 的动合触点接通并自保持，同时 3 副动断触点断开，切断合闸线圈回路，这种状态将一直保持到合闸命令撤销为止，实现电气防跳。

2. 就地合闸

就地合闸是三相电气联动的，但以 A 相合闸回路为例进行分析也足以说明问题。进行就地合闸操作前，应先将远方/就地切换开关 S8 切换到"就地"位置，此时 S8 的动合触点断开、动断触点接通。就地合闸由以下两个回路组成：

第一个回路的正电源从机构箱的 X1:612 接入，经过 S8 的动断触点、S9 的动合触点，接入 K76 线圈后，从 X1:629 端子回到就地分闸回路负电源。显然，只要按下 S9，回路就接通了，K76 励磁，其串接在第二个回路中的动合触点接通。

第二个回路的正电源在 X1:1011 端子接入断路器机构箱，经 K76 动合触点、K15 动断触点、S1LA 串接的 2 副动断触点，接入合闸线圈 Y1LA，再经 K75LA 串接的 3 副动断触点、K10 的动合触点、K61 的动断触点、S9 的动合触点，接到 X1:629，并从这个端子接入就地分闸回路负电源，沟通整个回路，合闸线圈励磁，断路器合闸。

防跳回路与远方合闸基本相同，不再赘述。

3. 远方/就地切换开关 S8 的控制作用

就地分闸回路正电源是受远方/就地切换开关 S8 的动断触点控制的，这保证了在设备正常运行时，不会在断路器中控箱就地误分断路器。

当远方/就地切换开关 S8 切换到"就地"位置时，其动合触点断开，合闸线圈回路监视接线将被断开，所有 TWJ 都将处于失磁状态。结合图 4-28 可知，此时远方合闸、分闸操作均无法进行。

4. 合闸线圈回路监视接线引出问题

常规的断路器远方合闸和合闸线圈回路监视接线是在操作箱端子排上并接后，用同一根电缆芯线接到断路器端子箱后，再用一根电缆芯线接入断路器机构箱的。但采用断路器本体防跳后，需用两根电缆芯线分别引出并在监视接线中串接合适的触点。否则，当出现线路永久性故障、重合闸失败时，会因分闸位置继电器线圈和防跳继电器线圈串联造成防跳继电器线圈上的分压大于其返回电压，使防跳继电器自保持而使合闸线圈回路保持在断开状态，从而无法手合断路器，将延缓系统恢复送电过程。

由图 4-27 可见，远方合闸接线是从 X1:1010 端子接入断路器机构箱的，而合闸线圈回路监视接线是从 X1:616 端子接入断路器机构箱的，并且串接了防跳继电器的动断触点和断路器辅助开关的动断触点，这样就避免了上述串联分压情况的出现。

四、3AP1-FI 型断路器分闸回路

图 4-28 所示的是 3AP1-FI 型断路器的第一组分闸回路。

1. 远方分闸

远方分闸回路是分相的，这里以 A 相远方分闸为例进行分析。从操作箱来的正电源在 X1:632 端子接入断路器机构箱，经 S8 动合触点、S1LA 串接的 3 副动合触点，接入分闸线圈 Y3LA，再经 K10 的动合触点、K11 的动断触点接到 X1:646，并从这个端子离开断路器机构箱经电缆回到操作箱（负电源）。

2. 就地分闸

就地分闸虽然是三相联动的，但以 A 相分闸回路为例进行分析也足以说明问题。进行就地合闸操作前，应先将远方/就地切换开关 S8 切换到"就地"位置，此时 S8 的动合触点断开、动断触点接通。就地分闸由以下两个回路组成：

第一个回路的正电源从机构箱的 X1:612 接入，经过 S8 的动断触点（参见图 4-27）、

S3 的动合触点，接入 K77 的线圈后，从 X1:629 端子回到就地分闸回路负电源（参见图 4-27）。当 S8 处于"就地"位置时，其动断触点接通，只要按下 S3，回路就接通了，K77 励磁，其串接在第二个回路中的动合触点接通。

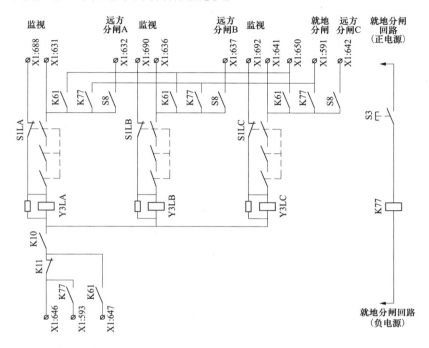

图 4-28 3AP1-FI 型断路器分闸回路（第一组）

K10—合闸和第一组分组总闭锁继电器；K11—分闸同步继电器；K61—三相不一致强跳分闸 1 中间继电器；

K77—就地分闸中间接触器；S1LA—A 相断路器辅助开关；S3—就地分闸按钮；S8—远方/就地切换开关；

Y3LA—第一组分闸线圈

第二个回路的正电源在 X1:591 端子接入断路器机构箱，经 K77 的动合触点、S1LA 串接的 3 副动合触点，接入分闸线圈 Y3LA，再经 K10 的动合触点、K11 的动断触点、K77 的另一副动合触点接到 X1:593，并从这个端子接入就地分闸回路负电源，沟通整个回路，Y3LA 励磁，断路器分闸。

3. 注意事项

（1）就地合闸回路和就地分闸回路使用了同一副远方/就地切换开关的触点，可参见图 4-27。

（2）应注意分闸同步继电器 K11 动断触点的串接位置。三相不一致保护动作分闸也是三相联动的，其回路基本上与就地分闸的第二个回路相同，不同点在于正电源是从 X1:650 端子接入，接入后先经过的是三相不一致继电器 K61 的动合触点，最后没有经过分闸同步继电器 K11 的动断触点，而是直接经 K61 的另一副动合触点接入 X1:647，再回到负电源的。这应该很好理解，三相不一致保护动作时，分闸同步继电器 K11 已经励磁，所以其动断触点是断开的。

（3）第二组分闸回路比第一组分闸回路更简单些，主要是没有就地手动分闸回路。

参 考 文 献

[1] 史雷敏，郭伟伟，郝雁翔，等. 双重化配置继电保护的压力闭锁电源问题分析 [J]. 电力系统自动化，2010，34（16）：97-99.

[2] 徐强超，段焜. 南瑞 CZX-12R 系列操作箱合闸脉冲展宽回路分析 [J]. 广东输电与变电技术，2008（03）：41-42.

[3] 赵黎明，应站煌，兀鹏越. 高压断路器防跳回路配合方式探讨 [J]. 电工技术，2011（11）：71-73.

[4] 郭占伟，原爱芳，张长彦，等. 断路器操作回路详述 [J]. 继电器，2004，32（19）：67-70.

[5] 胡仁强，杜喜信. 防跳回路常见故障分析与处理 [J]. 电力建设，2009，30（11）：100-101.

[6] 王建峰，裴卫政，延谦. 防跳继电器拒动故障的分析 [J]. 电力学报，2009，24（5）：416-420.

第五章

隔离开关和接地开关控制闭锁回路

变电站的隔离开关和接地开关数量多、品种杂而运行条件相对恶劣，由其控制闭锁回路异常引发的故障占比较大。

本章主要分析小雨 2116 线隔离开关和接地开关的控制闭锁回路。先介绍隔离开关和接地开关控制接线的构成原则和控制方式，然后简述各类闭锁原理，再详细分析GW7-252 型隔离开关和 SPV-252 型隔离开关的控制闭锁回路。

第一节　隔离开关和接地开关控制闭锁回路简介

常见的隔离开关操动机构分为电动式和手摇式两种，其中手摇式操动机构没有电动机及其控制回路，但其位置触点要引接到相关断路器和隔离开关的闭锁回路，也可能装设有电磁闭锁装置及相应回路；电动式操动机构既可以电动操作，也可以手动操作，其位置触点也要引接到相关闭锁回路。

隔离开关和接地开关的控制回路主要功能是实现电动机正反转控制，其辅助功能则是实现手动操作、电动操作之间的相互闭锁和防误闭锁，相对复杂，因此将其控制回路称作控制闭锁回路更符合实际。

220kV 及以下线路的隔离开关和接地开关一般都是三相机械联动，采用电动操动机构时也只配置一台电动机。

一、隔离开关和接地开关控制接线的构成原则

（1）防止带负荷拉、合隔离开关，其控制接线必须实现和相应的断路器闭锁。

（2）防止带电合接地开关或接地器，防止带地线合闸和误入有电间隔。

（3）操作脉冲是短时的，应在完成后自动撤除。

（4）操作用的隔离开关应有位置指示信号。

二、隔离开关和接地开关的控制方式

配置电动操动机构的隔离开关和接地开关的控制点分布在调控中心、运维站、变电站监控后台、测控装置、就地机构箱等处，并采用远方/就地切换开关来选择控制点。离一次设备越近的控制点，其优先级越高。小雨 2116 线间隔中，在隔离开关操动机构箱内和测控装置处设有远方/就地切换开关。

通常，隔离开关和接地开关采用手动控制方式。和第四章中关于断路器控制方式的划分一样，这里的手动控制也是广义的，包括在各级监控画面、测控装置液晶画面上点击软操作按钮操作和在就地机构箱上按压按钮操作。即便是顺控操作，也可归纳到手动控制方式，因为顺控程序也是手动点击启动的。配置手力操动机构的隔离开关和接地开关，则是纯粹的手动控制方式。

第二节 真空辅助开关

隔离开关和接地开关的位置信号都是通过辅助开关的触点状态来传递的，辅助开关是连接一次和二次的桥梁。近年来，为消除常用的机械摩擦接触式辅助开关存在的安全隐患，真空辅助开关得到应用。

一、F 系列辅助开关

电力系统选用的 F 系列辅助开关大多采用机械摩擦接触式，不管是夹片式或压接式，其结构特点决定了使用中存在安全隐患，例如开关触点长期使用后接触的可靠性变差、环境适应性不强、防护等级较低、使用寿命较短等。

常用的 F6 系列辅助开关分为带延时速动（快分）和不带延时速动两种。一般用于隔离开关操动机构的辅助开关要选用带延时速动装置的，用于断路器操动机构的辅助开关则不必带延时速动装置。由于隔离开关分、合闸速度较慢，一般为 4～12s，以这样慢的速度驱动 F 型机械接触式辅助开关时，其触头间的电弧不易熄灭，会造成切合回路不可靠，并会烧损触头。因此，隔离开关要选用带延时速动装置的辅助开关，以提高触头分合速度，加强灭弧效果，解决辅助开关开断能力问题。

图 5-1 F6-8I/L 型辅助开关

图 5-1 是常见的 F6-8I/L 型辅助开关，有 4 副动合触点和 4 副动断触点，"I"表示具备快分功能，"L"表示立式安装。

二、F6 型真空辅助开关

真空辅助开关的触点工作于真空或惰性气体介质中。国内生产的真空辅助开关的整体结构布置都是仿照 F6 型（每节 2 副触点）设计的。主要是考虑 F6 型在国内应用比较广泛，使其安装尺寸、接线方式、转轴连接等与 F6 型兼容。

1. 真空辅助开关的结构

真空辅助开关的触头采用真空舌簧管，其舌簧管两端与接线端焊接固定，并用环氧树脂密封于聚碳酸酯绝缘定盘中。触头的通断由装在方轴上嵌有永久磁钢的转轮控制，转轮不与触头机械接触，因此方轴转动轻便灵活。

图 5-2 所示的是 ZKF6-10 型真空辅助开关。由于舌簧管被环氧树脂包覆，即便打开盖板也无法看清楚，为说明工作原理，在图 5-2（b）上使用 Photoshop 软件叠画了两只舌簧管。在图示状态下，舌簧管 1 的动合触点接通，舌簧管 2 的动合触点断开。当方轴

顺时针转动 90°后,磁钢 2 转到下方靠近舌簧管 2,舌簧管 2 的动合触点接通,而舌簧管 1 的动合触点断开。

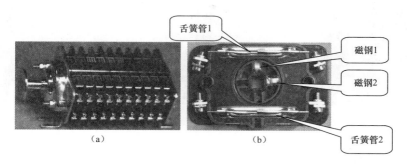

图 5-2 ZKF6-10 型真空辅助开关

(a) 外观;(b) 辅助开关的其中一节

2. 真空辅助开关的选用

真空辅助开关有环境适应性强、使用寿命长、免维护等诸多好处,但也有价格较高等不足,选用时应根据电气回路参数、使用场合等因素进行综合考虑。

(1) 参数选择。真空辅助开关的开断及闭合电流决定于真空舌簧管的特性,选用真空辅助开关时,要使所选辅助开关的开断性能符合所在电气回路的要求。需要指出,由于目前国产真空辅助开关的开断性能大多低于 F 系列辅助开关,且过载能力差,因此不可轻易地替代。某单位曾用一批真空辅助开关替换原断路器操动机构上的 F1 型辅助开关,更换后真空辅助开关相继被烧坏,究其原因就是断路器分、合闸线圈的电流大于所用真空辅助开关的开断电流值,导致无法顺利开断而烧坏。

(2) 延时速动装置选用。选用真空辅助开关时,应注意根据实际使用场合来决定是否选用带延时速动装置。

(3) 价格因素。真空辅助开关价格较高,但有观点认为取消延时速动装置可改善此问题。其理由是,延时速动装置是为了提高机械接触式辅助开关的触头分合速度,增强灭弧效果,保证开断性能。而真空舌簧管的触点在规定电流下不产生电弧,且触点的动作速度决定于磁力和舌簧弹性,一般吸合与释放时间均在 0.5~2ms 以内,同时真空辅助开关方轴旋转的前 75°触头不动作,只是在永久磁钢接近舌簧管的后 15°左右触头才动作,本身就具有延时速动性能,因此就没有设置速动装置的必要,取消速动装置以后,辅助开关操作还会更轻便自如。

🗼 第三节 隔离开关的闭锁原理

隔离开关的闭锁相当繁复。闭锁类型包括机械闭锁、电气闭锁、电磁闭锁、微机防误闭锁、计算机监控逻辑闭锁等。

一、机械闭锁

为了保证隔离开关和接地开关二者之间操作顺序正确,接地开关和隔离开关之间装有机械联锁装置，如图 5-3 所示。

（a）   （b）   （c）

图 5-3   GW7-252DW 型隔离开关机械结构闭锁三维模型示意图
（a）隔离开关合位，接地开关被机械闭锁；（b）隔离开关分位，接地开关可以操作；
（c）接地开关处于合位，隔离开关被机械闭锁

当隔离开关处在合闸位置，与隔离开关传动机构相联的拉杆固定住斧形板，使与接地开关机构主轴相联的扇形板不能转动，接地开关无法合闸。当隔离开关分闸时，操动机构推动中间支柱转动，同时拉杆带动斧形板从扇形板的运行轨迹中转开，隔离开关分闸到位后，接地开关才可合闸。而当接地开关合闸后，扇形板又挡住斧形板的转动路径，隔离开关就无法合闸。

二、电气闭锁

1. 电气闭锁

电气闭锁是利用断路器、隔离开关、接地开关等设备的辅助开关触点串入需闭锁的电动隔离开关或电动接地开关的二次控制回路上，从而实现一次设备之间的相互闭锁。电气闭锁方式闭锁可靠，但缺点也比较明显：

（1）二次控制回路接线复杂，安装工作量大。

（2）降低了一次设备运行方式的灵活性。

（3）由于一次设备辅助开关触点质量问题（如状态不到位等）引起的二次控制回路故障比较常见，影响了一次设备的正常操作，增加了运行维护工作量。

（4）不同间隔一次设备之间距离相距较远，采用电气闭锁方式电缆敷设成本较高，且每个一次设备辅助触点数量有限，往往不能满足电气闭锁对辅助触点数量的需求，无法实现全站范围内的闭锁。

由于存在上述缺点，电气闭锁方式通常只用于同一间隔设备之间的闭锁。

2. 电磁锁

电磁闭锁方式与电气闭锁实现原理相同，可以理解为一种特殊的电气闭锁，只是其闭锁对象是手动操作设备。电磁闭锁方式是利用断路器、隔离开关、接地开关、设备柜门（网门）等的辅助开关和行程开关触点串入需闭锁的手动隔离开关、接地开关和设备柜门（网门）等的电磁锁电源回路，从而实现设备之间的相互闭锁。这种闭锁方式原理简单，实现便捷，非一体化设备之间也可实现闭锁。

电磁锁一般装在手动操作的隔离开关、母线接地开关的操动机构处，如图 5-4 所示。

三、微机防误闭锁

微机防误操作系统以微型计算机（或模拟屏）、防误主机、电脑钥匙、闭锁工具（锁具或闭锁单元）为核心设备。系统调试时预先编制反映变电站所有设备闭锁点的"五防"接线图和适合现场的防误规则，通过变电站计算机监控系统或 RTU 系统获取现场设备的实时状态。无法获取实时状态的设备，则根据系统记忆保存状态，以确保防误操作系统中的设备和现场的设备状态保持一致。

当操作人员接到操作任务时，首先以合法的用户身份登录到防误系统，然后在"五防"

图 5-4　电磁锁

接线图上点击将要操作的设备，按操作顺序进行模拟操作。操作必须符合预先编制的防误规则，方可按操作任务要求逐项形成操作步骤。一旦操作不符合防误规则，"五防"系统将拒绝该步操作的执行，以保证任何一步的操作都能满足防误规则的要求。

防误主机形成了正确的操作步骤后，会把操作步骤下传给电脑钥匙，操作人员可持电脑钥匙到现场操作。操作时，电脑钥匙严格根据防误主机形成的操作顺序解锁对应的闭锁锁具，解锁后方可操作一次设备，实现防止误操作的功能。

微机防误闭锁应用灵活，但电脑钥匙无法直接获得一次设备的状态返回信息，因此存在"走空程"的问题。所谓"走空程"是指操作人员用电脑钥匙操作电编码锁、机械编码锁后未进行实际操作或实际操作了而设备本身未动作，操作人员在电脑钥匙上确认操作，并进入下一步操作。若操作对象的机械闭锁、电气闭锁不够完善，就可能直接导致重大误操作。

四、计算机监控逻辑闭锁

计算机监控系统中嵌入防误闭锁功能，称为软件防误闭锁、嵌入式"五防"系统、一体化"五防"闭锁等，其实质是采用监控系统中的软件逻辑闭锁（以下简称监控逻辑闭锁）。根据防误闭锁程序安装位置的不同，监控逻辑闭锁可分为站控层闭锁和间隔层闭锁两大类。

监控逻辑闭锁功能的设定原则：为不影响正常控制功能的实现，断路器作为非明显断开点处理，主变压器各侧接地开关和变压器隔离开关相互闭锁等。

监控逻辑闭锁的基本做法是：先将一、二次设备操作的防误闭锁逻辑条件写进程序，在执行遥控操作时由监控系统进行能否操作的逻辑判断，符合倒闸操作要求和条件时系统开放操作，否则闭锁操作。

监控逻辑闭锁功能对于电动操作的一次设备具备一定的防误效果，但是若一次设备达不到全电动操作时，对手动操动机构、网门接地线等的闭锁还必须由其他闭锁系统实现，否则将不能完全实现"五防"功能。

要特别注意的是，监控逻辑闭锁在系统可靠性方面还存在下列隐患：

（1）监控逻辑闭锁对设备的闭锁方式为软闭锁方式，由自动化系统软件实现，不像其他防误系统由锁具或机构对设备进行物理闭锁，即硬闭锁。一旦自动化系统软件由于不可测因素（如干扰、病毒、死机、程序走飞等原因）不能正常运转，则所有设备操作均失去防误保障，极易产生误操作事故。

（2）如自动化系统软件闭锁功能不全，容易产生误导作用，从而导致事故的发生。

第四节　GW7-252 型隔离开关控制闭锁回路

小雨 2116 线 Ⅰ 母隔离开关型号为 GW7-252DW，线路隔离开关型号为 GW7-252ⅡDW，隔离开关均采用 CJ6 型电动操动机构，接地开关均采用手动操动机构。控制闭锁回路采用 220V 单相交流电，电动机采用 380V 交流电动机。

一、GW7-252DW 型隔离开关控制闭锁回路

图 5-5 所示的是 GW7-252DW 型隔离开关控制闭锁回路，左边是电动机回路，右边是控制闭锁回路。用远方/就地切换开关 SBT2 选择是远方电动操作还是就地电动操作。

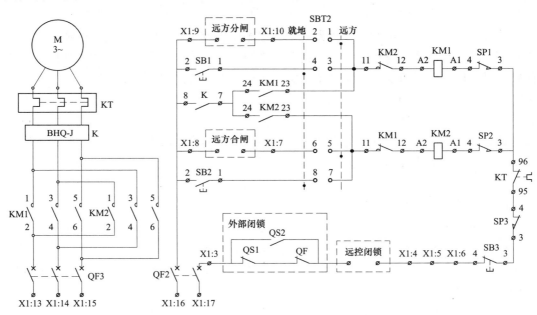

图 5-5　GW7-252DW 型隔离开关控制闭锁回路

K—断相保护器；KT—热继电器；KM1—分闸接触器；KM2—合闸接触器；SB1—分闸按钮；SB2—合闸按钮；

SB3—急停按钮；SBT2—远方/就地切换开关；SP1—分闸终止行程开关；SP2—合闸终止行程开关；

SP3—手动操作闭锁电动操作行程开关

1. 远方电动操作

远方电动合闸操作时，隔离开关在分闸位置，SBT2 处于"远方"位置，其触点（5，6）是接通的。远方电动合闸的路径为：X1:8（相线）→远方合闸触点→X1:7→SBT2 触点（5，6）→KM1 动断触点（11，12）→KM2 线圈→SP2 动断触点（3，4）→KT 动断触点（95，96）→SP3 动断触点（3，4）→SB3 动断触点（3，4）→X1:6→X1:5→X1:4→远控闭锁触点→外部闭锁触点→X1:3（零线）。

回路中的 KM1 动断触点实现合闸操作和分闸操作的电气互锁。若此时分闸接触器 KM1 是励磁吸合的，KM1 动断触点是断开的，将切断合闸回路，以防止主回路发生断路。

当远方合闸触点接通时，合闸接触器 KM2 励磁动作，回路的反应是：

（1）在电动机回路中，KM2 的主触点接通，电动机开始工作。

（2）在控制闭锁回路中，KM2 的辅助动合触点（23，24）接通，实现合闸过程自保持。

（3）在控制闭锁回路中，KM2 的辅助动断触点（11，12）断开，断开分闸回路，实现分、合闸的电气互锁。

在图 5-5 中，断相保护器 K 的动合触点（7，8）除了在分合闸操作过程中的保护作用外，还能在电动机电源空开 QF3 断开、控制电源空开 QF2 合上的情况下，防止因误分、误合而导致线圈烧损等。

远方电动分闸操作情况和合闸类似。

2. 就地电动操作

以就地电动合闸操作为例，操作前隔离开关在分闸位置，SBT2 处于"就地"位置，其触点（7，8）是接通的。就地电动合闸的路径与远方电动合闸基本是一样的，只是合闸指令是由手动合闸按钮 SB2 发出的。

就地电动分闸操作情况和合闸类似。

应注意的是，隔离开关控制回路是需要控制操作方向的，一般是利用两个行程开关做到这一点的，比如图 5-5 中的 SP1、SP2。否则很容易伤及设备，比如隔离开关在合闸位置时，再发合闸指令就比较危险。

3. 远方分合闸接线

图 5-6 所示的是远方分、合闸命令接线，是图 5-5 中远方分闸和远方合闸两个虚框的展开接线。

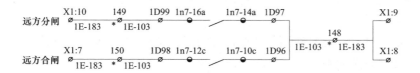

图 5-6　GW7-252DW 型隔离开关远方分合闸命令接线

X1:10 和 X1:9 之间是远方分闸命令接线，经电缆 1E-183 和电缆 1E-103 将测控装置提供的远方分闸开出（1n7-16a，1n7-14a）串接到分闸回路。

X1:7 和 X1:8 之间是远方合闸命令接线，经电缆 1E-183 和电缆 1E-103 将测控装置提供的远方合闸开出（1n7-12c，1n7-10c）串接到合闸回路。

4. 远控闭锁

图 5-7 是 GW7-252DW 型隔离开关远控闭锁与外部闭锁图，给出了图 5-5 中 X1:3 和

X1:4（在 I 母隔离开关机构箱端子排上）之间的具体接线。带"*"号的端子是指断路器端子箱的端子。外部闭锁与遥控闭锁的触点是串联的，若远控闭锁被错误解除，即测控装置中的解锁软压板置"1"而导致闭锁开出（1n7-10a，1n7-12a）被短接时，外部闭锁还存在，还是能在一定程度上保证操作安全。

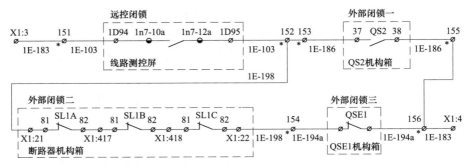

图 5-7　GW7-252DW 型隔离开关远控闭锁与外部闭锁图

远控闭锁逻辑采用 PLC 逻辑，由测控装置实现。测控装置的开出触点（1n7-10a，1n7-12a）作为远控闭锁触点串入隔离开关的控制闭锁回路。这副动合开出触点属于小雨2116 线测控装置开出插件上的一只出口继电器，这是一只物理继电器。测控装置在进行内部逻辑组态时，设置了一只逻辑中间继电器和该物理继电器对应，并加入各种闭锁条件作为逻辑继电器的动作条件。当所有条件满足后，逻辑继电器动作，由装置驱动开出插件上的出口继电器，使（1n7-10a，1n7-12a）接通。软件闭锁逻辑中涉及的开入量不但有由本间隔测控装置采集的位置开入量，还有来自网络的由其他间隔测控装置采集的开入量，如母线接地开关的位置开入量等。可见，其闭锁逻辑比硬接线的外部逻辑更为丰富和完整。在测控装置内部还有一个解除闭锁的软压板，当该压板投入时，闭锁触点（1n7-10a，1n7-12a）直接接通。

5. 外部闭锁

从图 5-7 可见，外部闭锁一和外部闭锁二、三是并行关系，对应不同的操作。

（1）外部闭锁一是倒母线操作时操作 QS1 需要满足的条件。只要 II 母隔离开关 QS2 合上就行。

（2）外部闭锁二、三是线路停送电操作时操作 QS1 需要满足的条件。只有当 QF 断开、母线侧接地开关 QSE1 断开时，外部闭锁才解除。

简言之，若是在变电站后台或远方（如运维站、调控中心）操作，操作指令在发出时首先要经当地监控软件中的防误闭锁程序校验，到变电站间隔层设备后再由弱电转强电，并且开出前要通过测控装置的远控闭锁逻辑校验，最后还要通过外部电气闭锁逻辑（硬触点逻辑）校验才能最终得到执行。

6. 就地手动操作

就地手动操作就是将操作摇把插入隔离开关机构箱操作孔，使用摇把直接驱动传动系统来进行的操作。对于 GW7 系列的隔离开关，当摇把插入操作孔时，会触动一个行程开关并使之变位来断开电动操作回路，如图 5-5 中的 SP3，以防止在使用摇把操作过程中电动机突然转动。

二、GW7-252ⅡDW 型隔离开关控制闭锁回路

小雨 2116 线线路隔离开关型号为 GW7-252ⅡDW，其控制闭锁回路与 GW7-252DW 大致相同，不同之处在于闭锁逻辑，特别是 X1:3 和 X1:4（在线路隔离开关机构箱端子排上）之间的具体接线，如图 5-8 所示。

1. 远控闭锁逻辑

远控闭锁逻辑采用 PLC 逻辑，由测控装置实现。要求断路器 QF 的三相均处于分闸状态、线路隔离开关的母线侧接地开关 QSE31 和线路接地开关 QSE32 均处于分闸状态。所有条件满足后，中间继电器动作，开出点（1n7-22a，1n7-24a）接通。

在测控装置的 PLC 逻辑中设置有解闭锁软压板，做法是在中间继电器输出接点上进行并联短接，使开出点（1n7-22a，1n7-24a）始终接通。

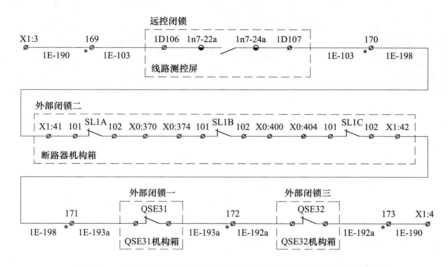

图 5-8　GW7-252ⅡDW 型隔离开关远控闭锁与外部闭锁图

2. 外部闭锁逻辑

外部闭锁逻辑由三部分组成，要求断路器 QF 的三相均处于分闸状态、线路隔离开关的母线侧接地开关 QSE31 和线路接地开关 QSE32 均处于分闸状态，涉及 1E-192a、1E-193a、1E-198 等多根电缆。

第五节　SPV-252 型隔离开关控制闭锁回路

小雨 2116 线Ⅱ母隔离开关为法国阿海珐（AREVA）公司的 SPV-252 型隔离开关，配置一套 CMM 型电动操动机构以实现隔离开关的三相分合闸操作。控制闭锁回路采用 220V 单相交流电，电动机采用 380V 三相交流电动机。

一、SPV-252 型隔离开关机构箱

图 5-9 所示的是 CMM 型电动机构。图 5-9（a）是机构箱外观图，标注圆圈处是手

动操作时摇柄插入位置。此处机构箱箱体上开有一个插孔,插孔外面有保护盖板,如图 5-9(b)所示。图 5-9(c)、(d)是机构箱内部图和一个局部特写。由图(c)可见,机构箱右上角是一个半包覆金属盒,其右侧面上开有一个孔,与机构箱侧面的开孔正好相对。平时这个孔被一块金属板遮住,图(d)上标注为 1 处表示拉手和这块金属板是一体的。只有拉动拉手,金属盒右侧面上的孔才会露出来,此时可插入摇柄进行手动操作。当然,当闭锁接触器 BC 未励磁时,这个拉手是拉不出来的,因为金属板是被闭锁接触器 BC 衔铁上的外露部分卡住的,可参见图 5-14。

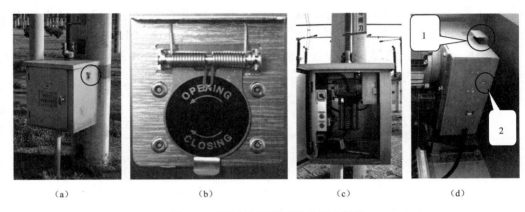

　　(a)　　　　　　　　　(b)　　　　　　　　　(c)　　　　　　　　　(d)

图 5-9　SPV-252 型隔离开关操动机构

(a)机构箱外观;(b)手动操作摇柄插孔盖板;(c)机构箱内部;(d)手动解锁用小孔

二、SPV-252 型隔离开关控制闭锁回路

　　图 5-10 所示的是 SPV-252 型隔离开关控制闭锁回路,左边是电动机回路,右边是控制闭锁回路。显然,合闸接触器和分闸接触器是不能同时励磁动作的,否则 A、C 两相就会发生短路。此要求反映在控制回路中,就是合闸回路和分闸回路之间必须有互锁机制。

　　相序继电器的作用是当电源错相或电压降低时切断控制回路并停止电动机运转,是对电动机的一种保护措施。

　　1. 远方电动操作

　　来看远方电动合闸操作,此时隔离开关在分闸位置,LD 处于"远方"位置,其触点(34,40)是接通的。远方合闸的路径:M1:9(相线)→远控闭锁触点→外部闭锁触点→M1:4→M1:8→远方合闸触点→M1:6→切换开关 LD(34,40)触点→合闸限位开关 FC(11,12)触点→合闸接触器线圈 CC→分闸接触器 OC 动断触点(3,4)→RX1 动合触点(23,24)→RX2 动合触点(23,24)→RX3 动合触点(23,24)→电源空气开关 IM 动合触点(23,24)→闭锁接触器 BC 动断触点(3,4)→M1:51→M1:52→M1:10(零线)。

　　当远方合闸触点接通时,合闸接触器 CC 励磁,回路的反应是:

　　(1)在电动机回路中,CC 的主触点接通,电动机开始工作。

　　(2)在控制闭锁回路中,CC 的辅助动合触点(11,12)接通,实现合闸过程自保持。

　　这个自保持功能是十分必要的,因为测控装置发出的远方合闸指令的保持时间较短，通常为 120ms 左右，而隔离开关的合闸需要数秒时间。合闸接触器 CC 的动合触点（11，12）接通后，其线圈就能始终保持励磁，电动机始终保持运行。当隔离开关合闸到位，合闸限位开关 FC 动断触点（11，12）断开并切断合闸回路，合闸接触器 CC 线圈失磁，合闸接触器 CC 动合触点（11，12）断开。

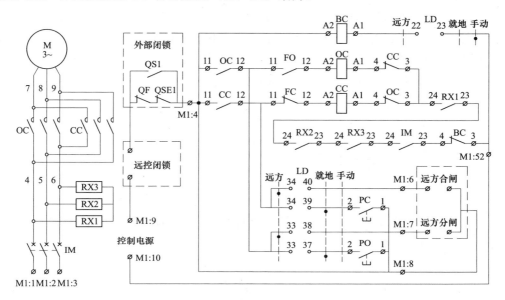

图 5-10　SPV-252 型隔离开关控制闭锁回路

CC—合闸接触器；OC—分闸接触器；RX1、RX2、RX3—相序继电器；IM—空气开关；LD—远方/就地/手动切换开关；BC—闭锁接触器；FO—分闸限位开关；FC—合闸限位开关；PC—合闸按钮；PO—分闸按钮

（3）在控制闭锁回路中，合闸接触器 CC 线圈的辅助动断触点（3，4）断开，断开分闸回路，实现分、合闸的电气互锁。

远方分闸时情况类似，要注意的是限位开关 FC、FO 的时序。SPV-252 型隔离开关配置的 CMM 型电动操动机构中，辅助开关和限位开关是同轴的，该轴是随着隔离开关操动机构的传动输出轴运动的，图 5-11 是该种辅助开关和限位开关的时序图。

	分位		合位
隔离开关位置			
分闸限位开关FO			
合闸限位开关FC			
辅助开关动合触点			
辅助开关动断触点			

图 5-11　SPV-252 型隔离开关辅助开关时序图

在图 5-11 中，有填充部分表示隔离开关在合闸位置，或限位开关和辅助开关的触点在接通位置。

2. 就地电动操作

以就地电动合闸操作为例，操作前隔离开关在分闸位置，LD 处于"就地"位置，其触点（34，39）是接通的。就地合闸的路径与远方合闸基本是一样的，只是合闸命令是由手动合闸按钮发出的。

3. 远方分、合闸命令接线

图 5-12 所示的是 SPV-252 型隔离开关远方分、合闸命令接线图。Ⅱ 母隔离开关机构箱的 M1:6 端子和 M1:8 端子之间连接的是远方合闸命令，也就是把测控装置的合闸命令开出继电器触点（1n7-18a，1n7-20a）串接到 Ⅱ 母隔离开关机构箱的 M1:6 端子和 M1:8 端子之间。先把这副开出触点连接到测控装置端子排，经电缆 1E-103 连接到断路器端子箱，再经电缆 1E-186 连接到隔离开关机构箱。

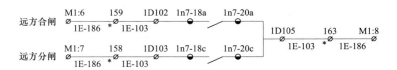

图 5-12　SPV-252 型隔离开关远方分合闸命令接线图

在图 5-12 中，Ⅱ 母隔离开关机构箱的 M1:7 端子和 M1:8 端子之间连接的是远方分闸命令，接线与合闸命令类似，不再赘述。

4. 远控闭锁

隔离开关的基本控制回路相对简单，但其闭锁回路却较为复杂。图 5-13 是 SPV-252 型隔离开关远控闭锁和外部闭锁图，包括远控闭锁和外部闭锁两部分。

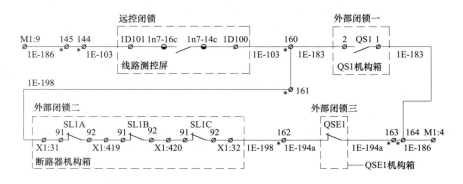

图 5-13　SPV-252 型隔离开关远控闭锁和外部闭锁图

远控闭锁就是将测控装置的闭锁开出触点（1n7-16c，1n7-14c）串入隔离开关的控制闭锁回路。这副开出触点是否接通取决于测控装置内部闭锁逻辑运算结果。在测控装置内部还有一个解除闭锁的软压板，当该压板投入时，闭锁触点（1n7-16c，1n7-14c）直接接通。

5. 外部闭锁

从图 5-13 可见，外部闭锁一和外部闭锁二、三是并行关系，对应不同的操作。

（1）外部闭锁一是倒母线操作需要满足的条件。

（2）外部闭锁二、三都是线路停送电操作需要满足的条件。

6. 就地手动操作

以就地手动合闸操作为例，操作前隔离开关在分闸位置，LD 处于"手动"位置，其远方合闸触点（34，40）和就地合闸触点（34，39）都是断开的，而闭锁接触器 BC 线圈回路的（22，23）触点却接通了，其直接结果是：

（1）闭锁接触器 BC 的（3，4）触点断开，断开电动操作回路，实现手动、电动操作之间的闭锁。

（2）闭锁接触器 BC 线圈励磁后，接触器内衔铁动作后，卡住金属片的衔铁外伸部分移动到左侧，让出金属片运动通道，如图 5-14（b）所示。

（a）　　　　　　　（b）　　　　　　　（c）

图 5-14　闭锁继电器 BC

（a）BC 线圈未励磁；（b）BC 线圈已励磁；（c）手动解锁位置

若在特殊情形下，当闭锁接触器 BC 励磁所需的解锁条件不满足，又需要手动操作隔离开关时，由于图 5-14（c）圆圈标注处和图 5-9（d）标注 2 处是正好相对的，可用细长硬物从图 5-9（d）标注 2 处插入，强行推动衔铁，以便拉出拉手、插入手摇柄进行操作。

参 考 文 献

[1] 孙亚辉. 电动操作隔离开关控制回路设计分析与应用 [J]. 电气技术，2010，9：66-75.

[2] 李德荣，曹继丰，邓先友，等. 楚雄换流站 500kV 交流场隔离开关调试分析及优化 [J]. 南方电网技术，2010，4（2）：82-84.

第六章

来自保护和测控装置的光字信号

本章将分析在计算机监控系统后台小雨 2116 线间隔分图上来自保护和测控装置的光字信号。这些光字信号分别属于第一块线路保护屏 GPSL603GA-102、第二块线路保护屏 PRC31A-02Z 上保护装置和线路测控装置上送的重要信号。

进行信号分析要掌握以下要领：

（1）务必厘清信号的源头。本章讨论的这些光字信号的主要源头是保护和测控装置插件上继电器的输出触点。

（2）掌握信号传递路径。来自保护和测控装置的信号一般由各装置的并行接口通过光电隔离的方式输出，再由线圈电压为直流 24V 的密封继电器的空触点输出，由线路测控装置 CSI-200EA 采集和上送。

（3）留意电源问题。信号电源是指信号采集电源，通常布置在测控屏，有专门的空气开关或与测控装置电源合用一个空气开关。信号源的电源种类比较多，但主要是直流控制电源和保护电源，须区分清楚。

（4）注意信号合并与"借道"等问题。为节省开入点，将信号合并后上送是现场通行的做法。测控装置本身的故障信号则需要借用相邻装置的开入点和通道，因此存在"借道"情形。

🗼 第一节　光字信号和信号电源

在传统变电站的控制室设立有各间隔的控制屏和中央信号屏，在中央信号屏和控制屏上都布置了数量不一的光字牌。光字牌以屏为单位集中布置时称为光字窗。

光字信号是值班人员监视站内设备运行状况、保护动作情况等的主要来源。当设备或系统有异常时，会由安置在现场的各种继电器等硬件的触点触发，通过点亮光字窗里的相应光字牌来发出警示信息，同时会启动警铃或事故喇叭。

传统光字窗如图 6-1 所示，20 世纪 90 年代前每块光字牌采用两只小灯泡点亮，后来采用 LED 灯珠，光线更加明亮、均匀。如今，传统光字牌除了在极少数的传统变电站控制室可以见到外，在 GIS 汇控柜等场合也还有应用。

图 6-1　某传统变电站的线路间隔光字窗（采用 LED 灯珠）

常规变电站的控制室取消了中央信号屏，也取消了各间隔的控制屏，所有信号都采用软件组态的方式在后台监控画面上显示，称为虚拟光字牌。虽然传统光字牌被虚拟光字牌所取代，但人们习惯上还是将虚拟光字牌称作光字牌，这其实是一种行业传承。由于虚拟光字牌的信号既可由配电装置现场硬件触点提供，也可由监控系统内部软件通过判断逻辑触发，而且判断逻辑易于编辑和生成，因此常规变电站提供给监控人员和运维人员的信息数量比传统变电站光字牌所能提供的要丰富得多。

同样，依循传统变电站的称谓，常规变电站后台监控画面上来自保护、测控装置和配电装置的光字信号一般还是称为中央信号，以区别于遥信信号。

一、小雨 2116 线来自保护和测控装置的光字信号

1. 来自保护装置的光字信号

在小雨 2116 线二次图的二次线卷册中的线路控制信号回路图上，列出了小雨 2116 线来自保护和测控装置的光字信号，如图 6-2 所示。

从图 6-2 可以清晰地了解这些信号的基本传递路径。为节约测控装置的开入点资源，在采集开关量过程中对装置告警、重合闸动作等保护都有的信号进行了合并。这种合并的做法很常见，对于这些合并信号，应特别注意它们合并的方法和位置，还要注意区分相关连线是屏内连线还是屏间连线。

2. 来自测控装置的光字信号

测控装置需要直流电源作为工作电源，当工作直流电源消失时是无法依靠测控装置自身来采集这个故障信号的，上送则更无从谈起。解决的办法是借助于同屏布置的相邻间隔的测控装置来进行采集和上送。

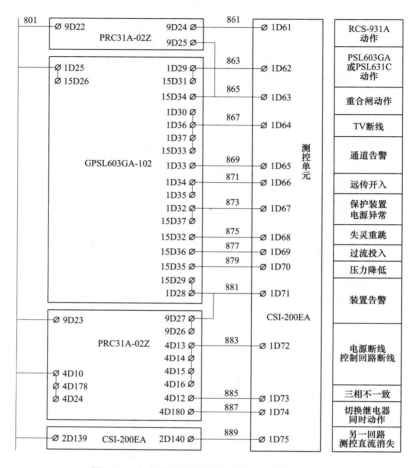

图 6-2　来自保护和测控装置的光字信号一览

二、信号电源的引接方法

1. 回路

分析二次回路时要从电源着手，一般可以从电源的正极开始，即从保护屏或测控屏屏后的直流电源空气开关正极的下桩头出发，经过一系列环节，最后回到电源的负极，也就是直流电源空气开关负极的下桩头。但要注意这只是负载部分，回路的另一半是电源部分，即直流电源空气开关正极的上桩头和负极的上桩头之间的部分，包括上级空气开关和直流电源，如直流配电屏或分电屏上的空气开关和蓄电池，还包括连接用的电缆和屏顶小母线等。只有当两者结合在一起，二次回路才算是实现了闭环，这也是二次回路分析的基本内涵。

2. 信号电源引接

线路测控装置电源是从屏顶直流母线引接的，具体做法是先从屏顶接到端子排 1D，串接空气开关 1DK 后回到端子排，然后接到测控装置。

小雨 2116 线信号采集回路电源的引接方式如图 6-3 所示。信号电源是从 1DK 下桩头引接，即信号正电源 801 接自 1DK 正极下桩头 1DK-2，分成 3 路，其中 2 路提供给 2 套保护屏，1 路提供给配电装置。在串接信号触点并接入开入点后，从开入点公共端连回 1DK 负极下桩头 1DK-4。

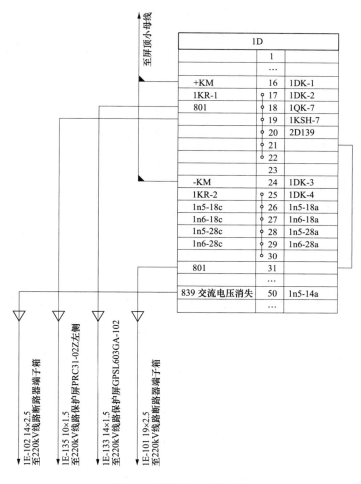

图 6-3　信号电源引接方式

（1）从测控屏端子排 1D18 引出一路 801，经电缆 1E-133 到第一块线路保护屏，用于采集 PSL-603GA 或 PSL-631C 动作、重合闸动作、TV 断线、通道告警、远传开入、保护装置电源异常、失灵重跳、过流投入、压力降低、装置告警等信号。

（2）从测控屏端子排 1D19 引出另一路 801，经电缆 1E-135 到第二块线路保护屏，用于采集 RCS-931A 动作、重合闸动作、装置告警、电源断线或控制回路断线、三相不一致、切换继电器同时动作等信号。

（3）从测控屏端子排 1D31 还引出一路 801，经电缆 1E-101 到线路断路器端子箱，再到断路器机构箱、隔离开关机构箱等处，用于采集断路器、隔离开关等的位置信号。比较特别的是，图 6-3 中的电缆 1E-102 是去采集断路器其他重要信号的，采集信号所需要的信号电源是在断路器端子箱中从电缆 1E-101 所传递来的 801 处引接的。

第二节　PSL-603GA 或 PSL-631C 动作

小雨 2116 线的第一块线路保护屏上安装了线路保护装置 PSL-603GA 和断路器保护装置 PSL-631C。PSL-603GA 型保护装置中的"G"表示双 A/D、双以太网、双串行通信接口、默认配置，"A"表示不具备重合闸功能，重合闸功能是由断路器保护装置 PSL-631C 实现的。

一、信号的含义

这个信号来自第一块线路保护屏，是一个合并信号，用来警示监控人员和运维人员：PSL-603GA 型保护装置动作或 PSL-631C 型保护装置动作。这个信号在实际工作中是经常碰到的，任何一套保护装置动作，后台就会报这个信号。正常情况下，这个信号都伴随有断路器分闸和相应信号。

二、信号的传递原理

1. 信号开入回路

"PSL-603GA 或 PSL-631C 动作"信号开入到测控装置的完整回路如图 6-4 所示。

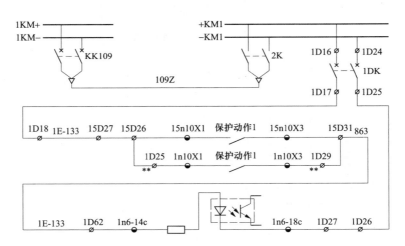

图 6-4　"PSL-603GA 或 PSL-631C 动作"信号开入到测控装置的完整回路

在图 6-4 中，+KM1、−KM1 是第一组直流控制电源小母线，1DK 是小雨 2116 线测控装置直流电源空气开关。

采集"PSL-603GA 或 PSL-631C 动作"信号的正电源 801 取自线路测控屏屏后左侧端子排 1D，经电缆 1E-133 到第一块线路保护屏屏后右侧端子排 15D，分两路接入两套保护的动作触点。两者并接后再经电缆 1E-133 回到测控屏屏后左侧端子排 1D，接入开入点（1n6-14c，1n6-18c）后返回负电源。

第一路：PSL-603GA 信号插件上的端子 1n10X1 接信号电源正极，端子 1n10X3 输出保护动作信号。

第二路：PSL-631C 信号插件上的端子 15n10X1 接信号电源正极，端子 15n10X3 输出保护动作信号。

2. 屏内连线

在小雨 2116 线第一块线路保护屏的屏后有两列端子排，左侧是 PSL-603GA 型保护用的 1D 端子排，右侧是 PSL-631C 型保护用的 15D 端子排。因此，在图 6-4 中，15D26 与 1D25、15D31 与 1D29 之间的两根连线都是接在两列端子排之间，这种情况属于屏内连线。

三、信号出现时的应对方法

检查保护装置面板上指示灯、液晶显示的变化，检查一次设备动作情况，确认信号的正确性。结合其他一、二次设备的检查结果，按事故处理规程进行处理。

触点（1n10X1，1n10X3）、触点（15n10X1，15n10X3）均为电保持触点，通过复归键复归。

第三节　RCS-931A 动作

RCS-931A 型保护装置安装在小雨 2116 线的第二块线路保护屏上，同屏上还安装了 CZX-12R2 型操作箱。

一、信号的含义

"RCS-931A 动作"信号来自线路保护装置 RCS-931A，用来警示监控人员和运维人员：RCS-931A 保护动作。正常情况下，这个信号伴随有断路器分闸和相应信号。

二、信号的传递原理

1. 信号开入回路

"RCS-931A 动作"信号开入到测控装置的完整回路如图 6-5 所示。小雨 2116 线第二套线路保护装置 RCS-931A 分闸时，分闸信号继电器 XTJ 动作并保持，XTJ 提供一副输出空触点给测控装置。

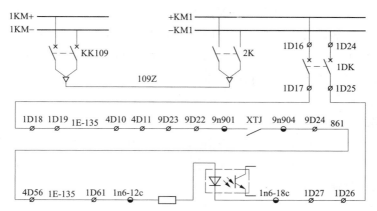

图 6-5　"RCS-931A 动作"信号开入到测控装置的完整回路

采集"RCS-931A 动作"信号的正电源 801 取自线路测控屏屏后左侧端子排 1D，经电缆 1E-135 到第二块线路保护屏屏后左侧端子排 4D，在屏内转接到右侧端子排 9D，在串接 RCS-931A 的分闸信号继电器 XTJ 的动合触点后，在屏内转接到左侧端子排 4D，再经电缆 1E-135 回到测控屏屏后左侧端子排 1D，接入开入点（1n6-12c，1n6-18c）后返回负电源。

2. 分闸信号继电器线圈回路

分闸信号继电器 XTJ 的回路如图 6-6 所示，继电器型号为 ST2-L2，该继电器位于继电器出口 1 插件（OUT1）上。OTJ 为分闸命令，ORST 为复归命令。

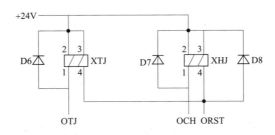

图 6-6　RCS-931A 型保护装置分闸和重合闸信号磁保持继电器线圈回路

三、信号出现时的应对方法

检查保护装置面板上指示灯、液晶显示的变化，检查一次设备动作情况，确认信号的正确性。结合其他一、二次设备的检查结果，按事故处理规程进行处理。

分闸信号继电器 XTJ 是磁保持继电器，保护分闸时 XTJ 继电器动作并保持，需要按信号复归按钮或由通信口发远方信号复归命令才能复归。

第四节　重合闸动作

高压架空线路线间距离大，绝大部分短路故障都是单相接地短路故障。电力系统运行经验还表明，架空线路大多数故障都是雷击、风害等瞬时性故障，因此在继电保护动作切除故障之后，短路处的绝缘一般可以自动恢复，重合成功概率很大。所以，在瞬时性故障发生分闸的情况下，自动将断路器重合，不仅能提高供电的安全性、减少停电损失，而且还能提高电力系统的暂态稳定水平。其中，单相短路跳开故障相经延时重合单相，若不成功再跳开三相的重合闸方式即是单相自动重合闸。

一、信号的含义

"重合闸动作"信号来自第一套线路保护装置 RCS-931A 和断路器保护装置 PSL-631C，是一个合并信号，用来警示监控人员和运维人员：小雨 2116 线断路器重合闸动作。

二、信号的传递原理

1. 控制字

断路器保护装置 PSL-631C 的重合闸控制字是 8009，控制字的含义如表 6-1 所示。

2. 信号开入回路

"重合闸动作"信号开入到测控装置的完整回路如图 6-7 所示。

表 6-1　　　　　　　　　　　　　断路器保护装置 PSL-631C 重合闸控制字

位号	置 1 时的含义	置 0 时的含义	整定
15	电压、电流自检投入	电压、电流自检退出	1
14	TA 额定电流为 1A	TA 额定电流为 5A	0
13	合后继电器可用	合后继电器不可用	0
12~5	备用	备用	0
4	重合检三相有压	重合不检三相有压	0
3	重合充电时间 12s	重合充电时间 20s	1
2	选择同期方式	选择同期方式	0
1			0
0	断路器偷跳启动重合	断路器偷跳闭锁重合	1

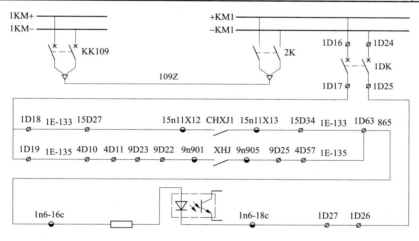

图 6-7　"重合闸动作"信号开入到测控装置的完整回路

采集"重合闸动作"信号的正电源 801 取自线路测控屏屏后左侧端子排 1D，分成两路去采集信号。

第一路从测控屏 1D18 端子出发，经电缆 1E-133 到第一块线路保护屏屏后右侧端子排 15D，在串接 PSL-603A 的重合闸动作信号继电器动合触点 CHXJ1 后，再经电缆 1E-133 回到测控屏屏后左侧端子排 1D。

第二路从测控屏 1D19 端子出发，经电缆 1E-135 到第二块线路保护屏屏后左侧端子排 4D，经屏内连线到右侧端子排 9D，在串接 RCS-931A 的重合闸动作信号继电器动合触点 XHJ 后回到左侧端子排 4D，再经电缆 1E-135 回到测控屏屏后左侧端子排 1D。

两路信号的始点 1D18、1D19 在测控屏屏后左侧端子排 1D 上短接后形成一个"公共点"，终点是在测控屏的 1D63 端子"会师"，这两路信号是并联的。接着从 1D63 出发，接入开入点（1n6-16c，1n6-18c）后返回负电源。

当断路器保护装置 PSL-631C 发出"CHXJ1"信号或第 2 套线路保护装置 RCS-931A 发出"XHJ"信号时，测控装置都会向后台监控上报"重合闸动作"信号。

上述回路中既有屏间连线，也有屏内连线。

三、信号出现时的应对方法

检查保护装置面板上指示灯、液晶显示的变化，检查一次设备动作情况，确认信号的正确性。结合其他一、二次设备的检查结果，按事故处理规程进行处理。

重合闸动作信号为磁保持触点输出，需要手动复归。

四、对自动重合闸装置的基本要求

根据规程规定，自动重合闸装置应符合下列基本要求：

（1）自动重合闸装置可由保护启动和/或断路器控制状态与位置不对应启动。

（2）用控制开关或通过遥控装置将断路器断开，或将断路器投于故障线路上并随即由保护将其断开时，自动重合闸装置均不应动作。

（3）在任何情况下（包括装置本身的元件损坏，以及重合闸输出触点粘住），自动重合闸装置的动作次数应符合预先的规定（如一次重合闸只应动作一次）。

（4）自动重合闸装置动作后，应能经整定的时间后自动复归。

（5）自动重合闸装置应能在重合闸后加速继电保护的动作。必要时，可在重合闸前加速继电保护动作。

（6）自动重合闸装置应具有接收外来闭锁信号的功能。

第五节　TV　断　线

TV 断线会直接影响接用该 TV 电压量作为动作量或制动量的保护和自动装置的工作，因此是一个很重要的信号。

一、信号的含义

1. 基本含义

这个信号来自第一块线路保护屏，用来警示监控人员和运维人员：保护交流电压消失。出现这个信号，意味着保护检测到外部二次电压回路异常、保护屏空气开关分闸、交流插件某个 TV 断线或 AD 插件某个电压通道失效。

2. PSL-603GA 型保护装置"TV 断线"监测原理

TV 断线检查分为不对称断线识别和三相失压识别两种，在保护未启动时进行，保护启动后只保持启动前的标志。

（1）不对称断线判据：

判据一　$\left|\dot{U}_a + \dot{U}_b + \dot{U}_c\right| > 8V$

判据二　$3U_2 > \dfrac{U_N}{2}$，且 $3I_2 < \dfrac{I_N}{4}$ 或 $3I_2 < \dfrac{I_1}{4}$

上述两个判据的任意一个满足，持续 1.25s 后发"TV 断线"信号，并报"TV 断线"事件。

（2）三相失压判据：

当采用母线 TV 时，三相电压绝对值之和小于 $0.5U_N$，认为是 TV 三相失压；

当采用线路 TV 时，三相电压绝对值之和小于 $0.5U_N$，断路器不在分闸位置（TWJa、TWJb 和 TWJc 未动作）或者某相电流大于 $0.04I_N$，认为是 TV 三相失压。

满足上述条件时，置 TV 三相失压标志，持续 1.25s 发"TV 断线"信号，并报"TV 三相失压"事件。

无论是 TV 不对称断线还是 TV 三相失压均视为 TV 断线。

注：小雨 2116 线第二套线路保护装置 RCS-931A 没有单独的 TV 失压信号。在 TV 断线时，该保护是通过异常告警继电器 TJJ 发出告警信号的，与 TWJ 异常、TA 断线等合并发信号。

二、信号的传递原理

1. 信号开入回路

"TV 断线"信号开入到测控装置的完整回路如图 6-8 所示，图中 PTDX1 是断路器保护装置 PSL-631C 的 TV 失压告警触点，PTDXJ 是第一套线路保护装置 PSL-603GA 的 TV 失压告警触点。

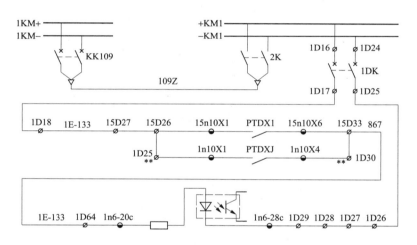

图 6-8 "TV 断线"信号开入到测控装置的完整回路

采集"TV 断线"信号的正电源 801 取自线路测控屏屏后左侧端子排 1D，经电缆 1E-133 到第一块线路保护屏屏后右侧端子排 15D，然后分成两路去采集信号。第一路直接串接 PSL-631C 型保护装置的 TV 失压告警动合触点 PTDX1，第二路采用屏内连线接到左侧端子排 1D，在串接了 PSL-603GA 型保护装置的 TV 失压告警动合触点 PTDXJ 后回到右侧端子排 15D，两路汇合后再经电缆 1E-133 回到测控屏屏后左侧端子排 1D，接入开入点（1n6-20c，1n6-28c）后返回负电源。

这里 1D25 与 15D26 之间的连线、1D30 与 15D33 之间的连线属于屏内连线。

2. 控制字

小雨 2116 线第一套线路保护是国电南自的 PSL-603GA，该装置有两个 CPU，其中 CPU1 负责差动保护，CPU2 负责距离、零序保护。CPU1 有两个差动保护控制字，KG1 的定值为 9C30，定值采用的是十六进制，转换成二进制为 1000 1100 0011 0000，从右往左的位号是从 0 到 15。其中，第 15 位的整定值是 1，表示电压电流自检投入，即装置会对二次交流电压回路进行监测。CPU1 的 KG2 定值为 0000，可知第 15 位的整定值为 0，表示保护取用母线 TV 电压，而不是线路 TV 电压。

3. 保护装置交流电压的引接

从上面的分析可知，保护装置取用的是母线电压。小荷变电站的 220kV 系统为双母线，有两组母线 TV，在正常运行方式下，小雨 2116 线取用的是Ⅱ母 TV 提供的三相交流电压，是直接从屏顶小母线引接的，如图 6-9 所示。

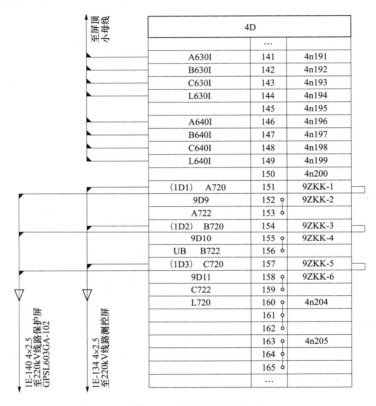

4D		
...	...	
A630I	141	4n191
B630I	142	4n192
C630I	143	4n193
L630I	144	4n194
	145	4n195
A640I	146	4n196
B640I	147	4n197
C640I	148	4n198
L640I	149	4n199
	150	4n200
(1D1)　A720	151	9ZKK-1
9D9	152	9ZKK-2
A722	153	
(1D2)　B720	154	9ZKK-3
9D10	155	9ZKK-4
UB　B722	156	
(1D3)　C720	157	9ZKK-5
9D11	158	9ZKK-6
C722	159	
L720	160	4n204
	161	
	162	
	163	4n205
	164	
	165	
...		

图 6-9　交流电压引接

在图 6-9 中，4D 端子排是小雨 2116 线第二块线路保护屏屏后左侧端子排，交流电压是从屏顶引接下来到 4D 端子排，再接到操作箱端子，经切换回路后供给保护装置，如图 6-10 所示。

从图 6-9 和图 6-10 中可以看出，切换后的交流电压有三路供本间隔各装置使用：

（1）提供给本屏（第二块线路保护屏）的第二套线路保护装置 RCS-931A。

（2）经电缆 1E-134 到线路测控屏，提供给测控装置 CSI-200EA。

（3）经电缆 1E-140 到第一块线路保护屏，提供给第一套线路保护装置 PSL-603GA 和断路器保护装置 PSL-631C。

为防止 TV 二次侧短路，每路电源都是经过空气开关才接入装置的，如接入 RCS-931A 型保护装置前就先经过了空气开关 9ZKK。1YQJ6、1YQJ7、2YQJ6、2YQJ7

的线圈回路参见图 6-30。

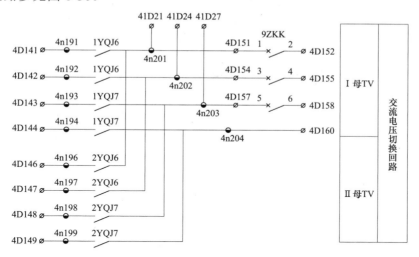

图 6-10　交流电压切换回路

4. 电压并列回路

为进一步说明交流电压的源头引接情况，特给出两路交流电压从两组母线 TV 的引接路径，如图 6-11 所示。

正常运行时，YQX-23J 型电压切换装置并列回路中的动合触点是断开的，两台 TV 分别向各自的电压小母线供电。进行热倒操作时，在母联断路器改非自动的情况下，才允许将 220kV Ⅰ、Ⅱ 母 TV 二次电压并列小开关 7QK 切换到"并列"位置，即给装置一个并列指令，装置会开出 4 副触点实现并列。

三、信号出现时的应对方法

应在保护屏屏后测量交流电压是否正常，检查交流电压空气开关状态、保护装置液晶显示及指示灯点亮情况，区分不同情形作相应处理：

（1）若交流电压不正常，那么可对照检查同屏的断路器保护有无"TV 断线"信号。若有，一般可判断为外回路引起，应到 TV 端子箱检查保护电压空气开关的状态。若空气开关分闸，应在向调控中心申请并退出距离保护后试送一次。

（2）若交流电压正常，只是本装置交流电压空气开关分闸，那么应在向调控中心申请并退出距离保护后试送一次。

（3）若交流电压正常、空气开关均正常，那问题就出在装置内部，比如小 TV 断线或 AD 插件通道故障等，应由检修人员处理。

四、TV 断线时的保护行为

TV 断线时，纵联保护和距离保护退出，并退出静稳破坏启动元件。零序电流保护的方向元件是否退出由控制字决定，不带方向元件的各段零序电流保护可以动作。

在距离保护和零序保护插件中，TV 断线并且保护启动进入故障处理程序时，将根据控制字投入 TV 断线零序电流保护和 TV 断线相电流保护，其定值和延时可独立整定。

TV 断线后若电压恢复正常，0.5s 后装置 TV 断线信号灯自动复归，并报告相应的断线/电压消失事件，所有的保护也自动恢复正常。

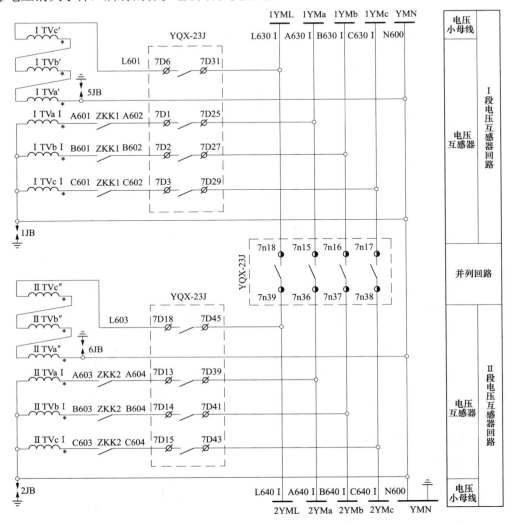

图 6-11　母线电压引接

🗼 第六节　通　道　告　警

输电线广泛采用纵联差动保护，这种保护是用某种通信通道将输电线两端的保护装置纵向连接起来，将各端的电气量（电流、功率的方向等）传送到对端，再对两端的电气量进行比较，以判断故障在本线路范围内还是在线路范围外，决定是否切断被保护线路。纵联差动保护在具有绝对选择性的同时，也提出了对通道畅通的要求。

一、信号的含义

"通道告警"信号来自第一套线路保护装置 PSL-603GA，用来警示监控人员和运维人员：第一套线路保护通道故障。保护发出此信号时已自动闭锁差动保护，可能的原因是通信设置错误、光电转换器故障、尾纤插头松动等。

二、信号的传递原理

1. 信号开入回路

"通道告警"信号开入到测控装置的完整回路如图 6-12 所示，其中 BD1 为第一块线路保护屏屏后左侧端子排备用段 BD 上的端子。

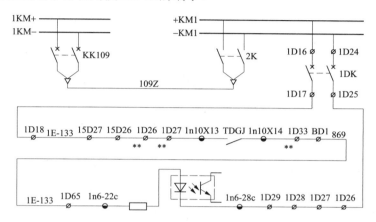

图 6-12 "通道告警"信号开入到测控装置的完整回路

采集"通道告警"信号的正电源 801 取自线路测控屏屏后左侧端子排 1D，经电缆 1E-133 到第一块线路保护屏屏后右侧端子排 15D 后，再经屏内连线到左侧端子排 1D，在串接了 PSL-603GA 型保护装置的通道告警动合触点 TDGJ 后，又经屏内连线回到左侧端子排 BD1 端子，然后经电缆 1E-133 回到测控屏屏后左侧端子排 1D，接入开入点（1n6-22c，1n6-28c）后返回负电源。

这个信号回路既有屏间连线，又有屏内连线。

2. 站内光纤通道

RCS-931A 型保护装置和 PSL-603GA 型保护装置都是光纤差动保护，站间一般采用光纤复合架空地线 OPGW（optical fiber composite overhead ground wire）光缆连接。把光纤放置在架空高压输电线的地线中，用以构成输电线路上的光纤通信网，这种结构形式的架空地线兼具地线和通信双重功能。

线路保护在变电站内的光纤通道路径为光缆交接箱→保护专用光配屏→保护装置，如图 6-13 所示。

光缆交接箱

保护专用光配屏

保护装置

图 6-13 站内光纤通道路径

OPGW 沿输电线路到达站外第一基铁塔后，先引接到站内线路构架顶部钢横梁，顺人字柱下到地面，再接入光缆交接箱，然后接到保护专用光配屏，最后接到保护装置。保护专用光配屏安装了光纤配线架，它是光缆和光通信设备之间或光通信设备之间的配线连接设备。

三、信号出现时的应对方法

应检查保护装置液晶显示及指示灯告警信息。若装置液晶显示诸如"对侧编号不匹配、差动数据通道失效、差动数据通信中断、差动数据同步错、差动通道需检查、通道延时过长、通道延时不稳定、对侧报通道异常"等报文时，即可确认通道有问题。此时差动保护已由装置自动闭锁，运维人员应向调控中心申请退出主保护压板。

第七节 远 传 开 入

远传是利用通道提供简单的触点状态传输功能。接收侧保护装置在收到远传信号后，并不作用于本装置的分闸出口，而只是如实地将对侧保护装置的开入触点状态反映到对应的开出触点上。

一、信号的含义

"远传开入"信号的源头是对侧保护装置，对本侧保护装置而言是一个开入量。从测控装置角度看，此信号则是由 PSL-603GA 型保护装置的远传出口插件（DTRIP）提供的。该插件用于对侧输入信号的输出，用来警示监控人员和运维人员：线路对侧保护装置有触点状态信号传递到本侧保护装置。

二、信号的传递原理

"远传开入"信号开入到测控装置的完整回路如图 6-14 所示。

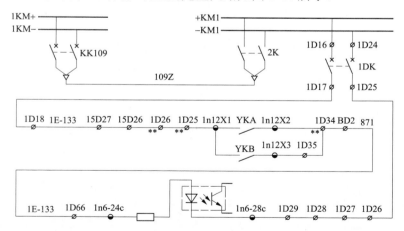

图 6-14 "远传开入"信号开入到测控装置的完整回路

采集"远传开入"信号的正电源 801 取自线路测控屏屏后左侧端子排 1D，经电缆 1E-133 到第一块线路保护屏屏后右侧端子排 15D，继而经屏内连线到左侧端子排 1D。在并接两副远传开出触点后，经屏内连线到右侧端子排备用段 BD，再经电缆 1E-133 到测控屏屏后左侧端子排 1D，接入开入点（1n6-24c，1n6-28c）后返回负电源。

光纤保护装置通常提供远传的开关量输入触点。PSL-603GA 型保护装置设有远传 A、远传 B 开入触点。接收侧收到远传信号后，只是如实将对侧装置的开入触点状态反映到本侧装置对应的开出触点上，通过通道实现传递信号、拓展触点的功能。

三、信号出现时的应对方法

远传功能在现场使用并不广泛，但还是能找到些实例。例如，将失灵远跳动作分闸的开关量输入端并接一个"远传"的开关量输入端。这样，在某线路两端的变电站 M 和变电站 N 之间，假设 M 侧断路器失灵启动远跳，N 侧在收到 M 侧断路器失灵远跳命令的同时，还收到一个"远传"信号，"远传"信号可以驱动多副触点用于录波、发信号或其他功能。再如，利用远传命令实现线路双端保护同步试验。

四、关于远跳与远传

1. 远跳与远传的区别

PSL-603GA 型保护装置采集得到远跳开关量输入，经连续 8ms 确认后，作为开关量连同电流采样数据和 CRC 校验码等一起打包为完整的一帧信息，经过编码、CRC 校验，通过数字通道发送至对侧。对侧装置每收到一帧信息，都要经过 CRC 校验、解码提取远跳信号，而且只有连续 3 次收到对侧远跳信号才确认出口分闸。远跳用于直接分闸时，可经就地启动闭锁，当保护控制字整定为"远跳不经本地启动"时，则收到远跳信号后无条件永跳出口，驱动 A、B、C、Q、R 出口继电器，并闭锁重合闸。当保护控制字整定为"远跳经本地启动"时，则需本装置启动才出口。收到对侧远跳信号 500ms 保护没有分闸，保护发"远跳信号长期不复归"报文。同时，用于远传信号的开入连续 5ms 确认后，再经过远跳信号同样的处理传送至对侧。两路远传信号开出由独立出口开出。

RCS-931A 型保护装置的处理过程和上面类似。保护装置采样得到远跳开入为高电平时，经过专门的互补校验处理，作为开关量连同电流采样数据和 CRC 校验码等，打包为完整的一帧信息，通过数字通道传送给对侧保护装置。对侧装置每收到一帧信息，都要进行 CRC 校验，经过 CRC 校验后再单独对开关量进行互补校验。只有通过上述校验后，并且经过连续 3 次确认后，才认为收到的远跳信号是可靠的。收到经校验确认的远跳信号后，若整定控制字"远跳受启动控制"整定为"0"，则无条件置三跳出口，启动 A、B、C 三相出口分闸继电器，同时闭锁重合闸；若整定为"1"，则需本装置启动才出口。

2. 在双母线接线方式下远跳的作用

在 AIS 变电站及一些早期的 GIS 变电站，对于 220kV 及以上的线路，由于线路 TA 一般布置在断路器的外侧，因此当发生某些故障时，仅跳开本侧断路器并不能真正切除故障，而需要将对侧断路器也跳开，此时就需要远跳。在双母线接线方式下，远跳有两种典型情况：

（1）当本侧断路器和 TA 之间发生故障，母差保护正确动作跳开本侧断路器，但故障尚未切除，需远跳对侧断路器。

（2）当母线发生故障，母差保护正确动作，但本侧断路器失灵拒动时，需远跳对侧断路器。

一般采用操作回路中永跳继电器的 TJR 触点启动远跳功能。

第八节　保护装置电源异常

目前微机保护装置普遍采用开关电源，而开关电源故障是造成继电保护装置缺陷的主要原因。例如，在某供电局 3000 多套保护装置 3 年内所出现的问题中，因开关电源故障产生的缺陷占 46%。而在使用 6 年以上的开关电源出现的故障中，因开关电源电解电容的容量降低或失效造成的电源故障占 67%，因稳压二极管故障造成的开关电源故障占 11%，其他原因造成的电源故障占 22%。

一、信号的含义

"保护装置电源异常"信号来自第一块线路保护屏的两套保护装置，是一个合并信号，用来警示监控人员和运维人员：保护装置 PSL-603GA 或 PSL-631C 的电源消失。

二、信号的传递原理

"保护装置电源异常"信号开入到测控装置的完整回路如图 6-15 所示。

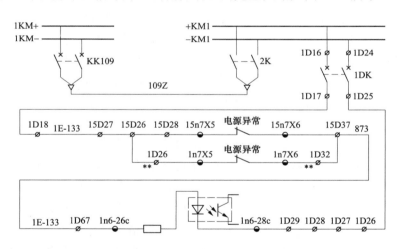

图 6-15　"保护装置电源异常"信号开入到测控装置的完整回路

采集"保护装置电源异常"信号的正电源 801 取自线路测控屏屏后左侧端子排 1D，经电缆 1E-133 到第一块线路保护屏屏后右侧端子排 15D，分两路接入两套保护的动作触点，两者并接后再经电缆 1E-133 回到测控屏屏后左侧端子排 1D，接入开入点（1n6-26c，1n6-28c）后返回负电源。

三、信号出现时的应对方法

检查保护装置运行情况，检查保护装置电源的空气开关是否分闸，检查保护装置电源回路及插件有无明显异常，根据检查情况进行相应处理。

第九节 失 灵 重 跳

断路器失灵保护是一种近后备保护，线路故障时若线路断路器拒动，则由断路器失灵保护切除故障。断路器失灵保护的判据为：有保护对该断路器发过分闸命令，但该断路器依然有电流，经延时跳母联断路器和本线路断路器所在母线上的所有断路器。

断路器失灵重跳也就是常说的"跟跳"或"瞬跳"，失灵保护瞬时再次动作于断路器分闸，目的是确保电力系统发生故障时，与故障电气设备所连接的断路器可靠分闸，实现故障隔离，以确保电力系统稳定运行。按照有关规程对断路器失灵保护的要求，在电力系统中电气设备发生故障时，与故障电气设备连接的断路器失灵保护在收到其他保护（线路保护、变压器保护、电抗器保护或母线保护等）动作触点开入量后，失灵保护应瞬时再次动作于断路器的两组分闸线圈。

一、信号的含义

"失灵重跳"信号来自断路器保护装置 PSL-631C，用来警示监控人员和运维人员：断路器失灵保护启动，失灵重跳动作。

二、信号的传递原理

1. 信号开入回路

"失灵重跳"信号开入到测控装置的完整回路如图 6-16 所示。

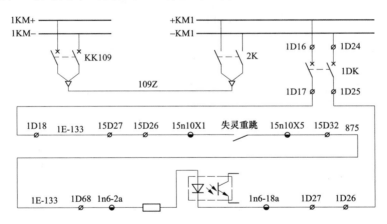

图 6-16 "失灵重跳"信号开入到测控装置的完整回路

采集"失灵重跳"信号的正电源 801 取自线路测控屏屏后左侧端子排 1D，经电缆 1E-133 到第一块线路保护屏屏后右侧端子排 15D，在接入"失灵重跳"动合触点后再经电缆 1E-133 到测控屏屏后左侧端子排 1D，接入开入点（1n6-2a，1n6-18a）后返回负电源。

2. 断路器失灵起动逻辑

PSL-631C 型断路器保护装置模拟 A 相、B 相、C 相和三相等四个电流继电器，采用按相接线，线路保护分闸出口启动失灵的触点直接连至本装置，和相应的电流继电器的触点串联后输出，如图 6-17 所示，其中 LJ3 是模拟的三相电流继电器。

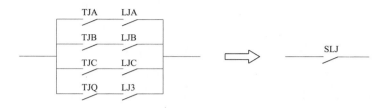

图 6-17　断路器失灵启动触点内部逻辑

PSL-631C 型断路器保护装置的失灵启动可以经控制字来选择瞬时重跳本断路器一次。失灵启动的逻辑完全由软件实现，无需组屏进行连接，装置最后提供两副启动失灵触点。

三、信号出现时的应对方法

失灵重跳为磁保持触点，需要通过复归键复归。

四、说明

有关设计规范规定，为缩短失灵保护切除故障的时间，失灵保护动作跳母联（分段）和相邻断路器的时间可设置为相同，但不考虑跟跳本断路器。因此小荷变电站包括小雨2116 线的失灵重跳回路是退出的，具体可参考断路器保护控制字第八位。

断路器保护控制字为 8200，其含义如表 6-2 所示。

表 6-2　　　　　　　　　断路器保护装置 PSL-631C 断路器保护控制字

位号	置 1 时的含义	置 0 时的含义	整定
15	电压电流自检投入	电压电流自检退出	1
14	TA 额定电流为 1A	TA 额定电流为 5A	0
13	三相不一致投入	三相不一致退出	0
12	经零序过流闭锁	不经零序过流闭锁	0
11	备用	备用	0
10	充电保护投入	充电保护退出	0
9	启动失灵投入	启动失灵退出	1
8	失灵重跳投入	失灵重跳退出	0
7	不一致用专用输入	不一致用位置触点	0
6～0	备用	备用	0

🗲 第十节　过　流　投　入

为满足现场运行的需要，断路器保护装置 PSL-631C 还专门设置了一段独立的过流保护，通过"过流投入"压板手动控制投入。而为了防止线路充电后过流保护长期投入，设置"过流投入"信号。

一、信号的含义

"过流投入"信号来自断路器保护装置 PSL-631C，用来警示监控人员和运维人员：线路的过流保护处于投入状态，注意及时退出。

二、信号的传递原理

1. 整定值

充电保护是否投入由控制字决定，过流保护是否投入则由过流保护投入压板决定。由于充电保护只在手合时自动投入（保证线路重合闸时充电保护可靠不投入），并且只开放 10s，即 10s 后该段电流元件自动退出，因此过流保护在定值上完全和充电保护分开。

断路器保护装置 PSL-631C 的整定值如表 6-3 所示，控制字定值参见表 6-2。

表 6-3　　　　　　　　　　断路器保护装置 PSL-631C 的整定值

序号	定值名称（CPU2 距离、零序保护）	原定值	现定值
1	控制字（十六进制）	8200	8200
2	电流突变量启动值（A）	0.6	0.6
3	零序电流启动定值（A）	0.6	0.6
4	启动失灵电流定值（A）	1.5	2
5	充电保护电流定值（A）	0.9	0.9
6	过流保护电流定值（A）	0.9	0.9
7	不一致零序定值（A）	0.7	0.7
8	充电保护动作延时（S）	0.3	0.3
9	过流保护动作延时（S）	0.3	0.3
10	不一致动作延时（S）	2.5	2.5

2. 信号开入回路

"过流投入"信号开入到测控装置的完整回路如图 6-18 所示。

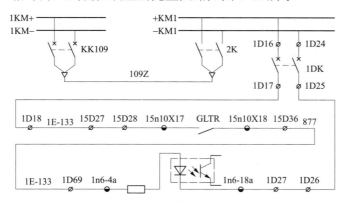

图 6-18　"过流投入"信号开入到测控装置的完整回路

采集"过流投入"信号的正电源 801 取自线路测控屏屏后左侧端子排 1D，经电缆 1E-133 到第一块线路保护屏屏后右侧端子排 15D，在接入"GLTR"动合触点后再经电缆 1E-133 回到测控屏屏后左侧端子排 1D，接入开入点（1n6-4a，1n6-18a）后返回负电源。

三、信号出现时的应对方法

设置本光字信号，主要是为防止线路充电后过流保护长期投入，因此操作完成后要及时退出过流保护，并复归信号。

四、说明

小雨 2116 线的保护整定通知书规定：PSL-631C 型保护装置充电及过流保护、三相不一致保护、失灵重跳的出口压板应放停用位置，过流保护投入压板退出，启动失灵压板投入。

🗼 第十一节 断路器压力降低

断路器压力是非常重要的运行参数，它的正常与否直接关系到断路器的基本分、合闸性能。因此，操作箱设有断路器压力监视回路，监视项目包括压力降低闭锁合闸、压力降低闭锁重合闸、压力降低闭锁分闸等，但现在只保留压力降低闭锁重合闸这一项。在"四统一"设计中，虽然设置了双操作电源、双分闸线圈，但由于压力触点只有一组，为了保证压力监视回路的可靠供电，采用操作电源的自动切换。而在"六统一"设计中，取消了操作电源的自动切换，参见本章第十三节。

保护装置在启动以前收到压力低信号，经延时确认信号有效以后，重合闸放电不重合。压力低信号消失后，重合闸重新充电准备重合。

通常，在由保护出口分闸后，断路器易出现压力瞬时降低但又很快恢复的情况。所以，收到压力低信号时，若重合闸已启动，则不闭锁重合闸。

一、信号的含义

"断路器压力降低"信号来自断路器保护装置 PSL-631C，用来警示监控人员和运维人员：由于压力降低，断路器的自动重合闸功能被闭锁。这个信号完整的名称应该是"断路器压力低禁止重合"。

二、信号的传递原理

1. 信号开入回路

"断路器压力降低"信号开入到测控装置的完整回路如图 6-19 所示。

采集"断路器压力降低"信号的正电源 801 取自线路测控屏屏后左侧端子排 1D，经电缆 1E-133 到第一块线路保护屏屏后右侧端子排 15D，在接入 2YJJ 动合触点后再经电缆 1E-133 回到测控屏屏后左侧端子排 1D，接入开入点（1n6-6a，1n6-18a）后返回负电源。

需要特别注意的是，这个光字信号是从断路器保护装置 PSL-631C 内部开出到测控装置的，图中的 1E-133 是线路测控屏与第一块线路保护屏之间的联系电缆。

2. 作用于保护去闭锁自动重合闸的压力低开入回路

实际作用于保护装置去闭锁自动重合闸的压力低开入来自断路器机构箱，接入点在操作箱，如图 6-20 所示。

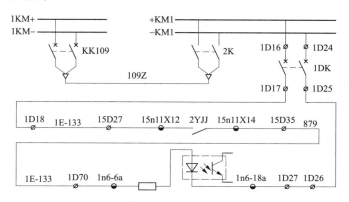

图 6-19 "断路器压力降低"信号开入到测控装置的完整回路

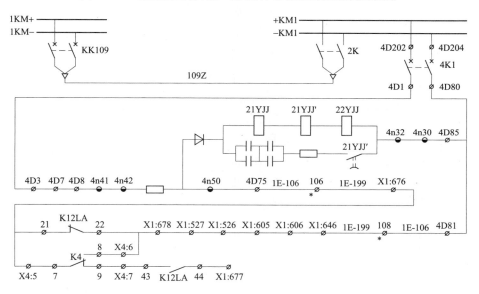

图 6-20 压力监视继电器 21YJJ 和 22YJJ 线圈回路

在断路器正常运行时，压力监视继电器 21YJJ 始终是励磁的。当操作箱收到压力低触点开入，21YJJ 继电器失磁，并通过 21YJJ 的两副辅助触点，分别向两套保护装置提供压力低闭锁重合闸的开入，如图 6-21 所示。

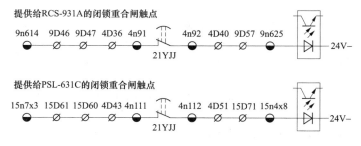

图 6-21 保护装置压力低闭锁重合闸的开入接线

21YJJ 的动断触点接至 RCS-931A 型保护装置采用的是屏内连线。RCS-931A 型保护装置有此开入后，若 200ms 内重合闸没有启动则放电。

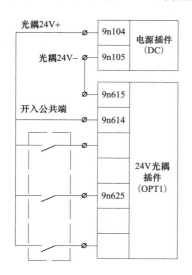

图 6-22　RCS-931A 型保护装置开入原理图

21YJJ 的动断触点接至 PSL-631C 型保护装置采用的是屏间连线（电缆），4D43 与 15D60 之间、4D51 与 15D71 之间使用了电缆 1E-141 的两根芯线。PSL-631C 型保护装置有此开入后，若 200ms 内重合闸没有启动则放电。

为进一步说明问题，以 RCS-931A 型保护装置为例给出了开入原理图，如图 6-22 所示。电源插件上的 9n105 端子为输出光耦 24V−，经外部连线直接接至 24V 光耦插件的 9n615 端子；电源插件上的 9n104 端子为输出光耦 24V+，接至屏上开入公共端子。光耦 24V 电源则是从装置直流电源经 DC/DC 转换而来。

另外还应注意，在《PSL-631C 数字式断路器保护装置技术说明书》V2.0 上，所列开入的名称是"低气压"，在《RCS-931 系列超高压线路成套保护装置技术和使用说明书》（1.080129）上，所列开入的名称是"合闸压力闭重"。

3. 自动重合闸闭锁继电器 K4 的线圈回路

在图 6-20 中，K4 是自动重合闸闭锁继电器，K12 是合闸总闭锁继电器。图 6-23 是自动重合闸闭锁继电器 K4 的线圈回路。

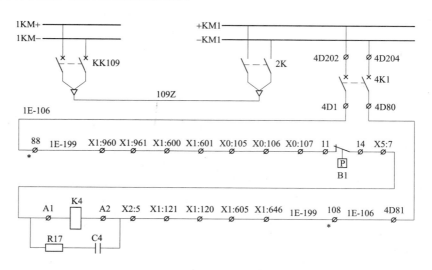

图 6-23　自动重合闸闭锁继电器 K4 线圈回路

小雨 2116 线所用的断路器是西门子的 3AQ1-EE，配液压操动机构。当油压低于 30.8MPa 时，油压计 B1 的动断触点（11，14）返回接通，自动重合闸闭锁继电器 K4 的线圈励磁。在图 6-20 中 K4 的转换动合触点（7，8）接通，相当于将 4n50、4n32 短接，此时压力监视继电器 21YJJ、21YJJ'、22YJJ 线圈失磁，其中的 21YJJ 的动断触点返回接通后将闭锁自动重合闸。

4. 断路器 A 相合闸总闭锁接触器 K12LA 动断触点的作用

在断路器正常运行时，K12LA 是励磁的，它的动断触点是断开的。当 K12LA 的线圈回路出现断点时，线圈会失磁，动断触点返回接通，同样会向操作箱开出一个闭锁自动重合闸触点。这些可能的断点里包括了 SF_6 气压低将造成的断点。此外，断路器液压系统储能筒漏 N_2、三相不一致保护动作、SF_6 总闭锁、合闸总闭锁、分闸总闭锁等也会使得自动重合闸被闭锁。

5. 说明

小雨 2116 线间隔的"断路器压力降低"光字信号是由 PSL-631C 型保护装置通过测控装置上送的，但也有的地方是由操作箱通过测控装置上送的。

三、信号出现时的应对方法

出现断路器压力低情形时，保护装置面板上重合闸充电灯熄灭，测控屏上断路器分闸指示灯熄灭，闭锁自动重合闸功能。

若确系断路器操动机构液压降低，应汇报调控中心申请停用自动重合闸，并进一步检查储能机构电源及其控制回路。

若断路器操动机构液压并未下降，且无其他异常信号，则应考虑油压计 B1 误动、操作箱相应回路断线、虚焊的可能性。

对于西门子 3AQ1-EE，当运行中第一组直流控制电源断线，会引起"断路器压力降低""断路器合闸总闭锁"等信号，应检查第一组直流控制电源回路，如直流电源空气开关是否分闸等。

第十二节　保护装置告警

为提高可靠性，现代微机保护都采用了在线自动检测技术。在大部分情况下，微机保护的元件损坏都能通过自动检测予以发现并发出警报，而不会引起保护误动作。这是因为微机保护的硬件只要投入运行就一直处在工作状态，数据采集、传送和运算始终在进行，微机保护可以利用两个相邻采样间隔执行自检程序来进行检测。

一、信号的含义

"保护装置告警"信号来自第一和第二块线路保护屏的三套保护装置，是一个合并信号，用来警示监控人员和运维人员：小雨 2116 线的线路保护和断路器保护中可能有异常或故障发生。

二、信号的传递原理

1. 信号开入回路

"保护装置告警"信号开入到测控装置的完整回路如图 6-24 所示。在图 6-24 中，1n 代表 PSL-603GA，9n 代表 PSL-631C，15n 代表 RCS-931A。

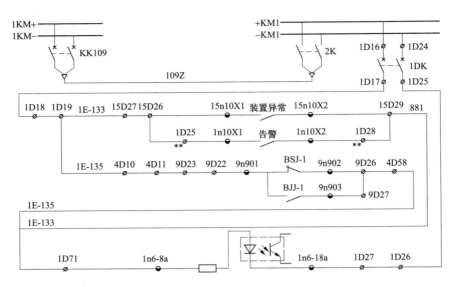

图 6-24 "保护装置告警"信号开入到测控装置的完整回路

采集"保护装置告警"信号的正电源 801 取自线路测控屏屏后左侧端子排 1D，分两路去采集。一路经电缆 1E-133 到第一块线路保护屏，另一路经电缆 1E-135 到第二块线路保护屏，在各接入两副信号触点后循原电缆回到测控屏屏后左侧端子排 1D，接入开入点（1n6-8a，1n6-18a）后返回负电源。

2. 告警信息传递路线

（1）PSL-631C 型保护装置和 PSL-603GA 型保护装置告警信息的传递路线。引起这两套保护发出告警信号的原因是相同的，包括 RAM 错误、EPROM 错误、EEPROM 错误、开入异常、开出异常、AD 错误、零漂越限、定值区无效、定值校验错误等。从图 6-24 可知，PSL-603GA 型保护装置的告警信号是通过 1D25、15D26 之间和 1D28、15D29 之间两根屏内连线与 PSL-631C 型保护装置的告警信号合并到一起后，再通过屏间电缆 1E-133 开入到测控装置的。

（2）RCS-931A 型保护装置告警信息的传递路线。BSJ 是装置故障告警继电器，其输出触点 BSJ-1 是动断触点，当装置退出运行如装置失电、内部故障时，会发出装置闭锁信号。BJJ 是装置异常告警继电器，当 RCS-931A 型保护装置自检发现装置有 TV 断线、TWJ 异常、TA 断线等异常时，但保护仍在运行时，会发出装置异常信号。但在小雨 2116 线间隔，这两个信号是合并在一起的，通过屏间电缆 1E-135 开入到测控装置。

1E-133 和 1E-135 两根电缆的相应芯线在测控屏端子排的 1D19 和 1D71 并接，实现两块保护屏同类信号的最终合并。

三、信号出现时的应对方法

检查保护装置面板上指示灯、液晶显示的变化，检查一次设备动作情况，确认信号的正确性。结合其他一、二次设备的检查结果，按事故处理规程进行处理。

必须指出，上述合并方法是不妥当的。"装置告警"信号提示的是保护装置发生异常现象，未闭锁保护装置，保护装置可以继续运行，但应立即查明原因，并确认是否需停用。"装置故障"信号提示的是保护装置发生严重故障，装置已闭锁，应立即停用。

四、微机保护开关量输入通道的自动检测

开关量输入通道的自动检测包括对各光电耦合器件和传送开关量的并行接口的自动检测。主要针对外部继电器或自动装置的触点进行检测，要同时考虑开关量输入回路失灵时的拒动问题和开关量输入回路误导通时的误动问题，一般的做法如下：

（1）为防止拒动，采用双重化的开关量输入通道，即一个外部触点用两路开关量输入通道输入，两路输入采用"或"逻辑。

（2）为防止误动，采用在双重化基础上再增加闭锁条件的办法。

第十三节　电源断线或控制回路断线

控制电源和控制回路的正常工作是线路可控、在控的基础，保证控制电源和控制回路正常工作的重要性丝毫不亚于保证继电保护装置正常工作的重要性。

一、信号含义

"电源断线或控制回路断线"信号来自操作箱，是一个合并信号，用来警示监控人员和运维人员：断路器控制回路发生了控制电源断线或控制回路断线异常。当其中任一个异常出现时，就意味着断路器可能拒动。根据国家电网公司《高压开关设备运行规范》的规定，此类缺陷属于危急缺陷。

二、信号的传递原理

1. 信号开入回路

"电源断线或控制回路断线"信号开入到测控装置的完整回路如图 6-25 所示。

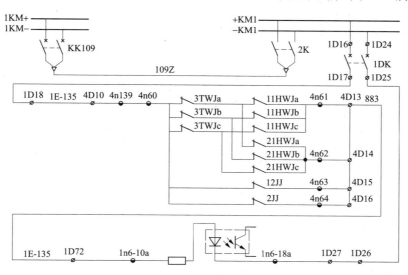

图 6-25 "电源断线或控制回路断线"信号开入到测控装置的完整回路

采集"电源断线或控制回路断线"信号的正电源 801 取自线路测控屏屏后左侧端子排 1D，经电缆 1E-135 到第二块线路保护屏左侧端子排 4D，在并接了一系列触点后经

1E-135 到测控屏屏后端子排 1D，接入开入点（1n6-10a，1n6-18a）后返回负电源。所并接的触点有：

（1）第一组 HWJ 动断触点和第二组 HWJ 动断触点并接后再串接 TWJ 动断触点（以相为单位），反映控制回路断线。操作箱产生的"控制回路断线"信号是由 TWJ 动断触点和 HWJ 动断触点串联而成。

（2）电源监视继电器 12JJ、2JJ 的动断触点，反映直流控制电源断线。

2. 12JJ、2JJ 线圈回路

电源监视继电器 12JJ、2JJ 的线圈回路如图 6-26 所示。

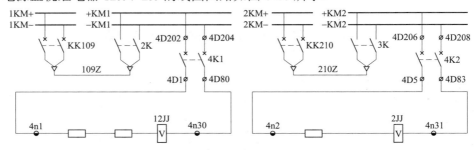

图 6-26　电源监视继电器 12JJ、2JJ 线圈回路

在图 6-26 中，12JJ 用于监视第一组直流控制电源，2JJ 用于监视第二组直流控制电源。电源正常时，12JJ、2JJ 是励磁的。

三、信号出现时的应对方法

"电源断线或控制回路断线"信号出现频率较高，对安全运行的威胁较大，必须及时处理。

1. "控制回路断线"信号应对

（1）检查直流控制电源空气开关是否有分闸情况。

（2）沿控制回路电缆路径检查是否有端子生锈、腐蚀、松动、断线等情况。

（3）检查分、合闸线圈是否有烧毁情况。

（4）检查断路器是否存在分合不到位或辅助开关切换不到位等情况。

（5）检查远方/就地切换开关的位置是否正确。当远方/就地切换开关处于"就地"位置时，所有 TWJ 和 HWJ 均失磁，其动断触点返回，后台自然会报"控制回路断线"信号。

如果是弹簧机构，还应检查弹簧储能情况。因为现在断路器内部接线经常会把弹簧储能触点串入合闸回路。在储能完成之前，合闸回路是断开的，TWJ 状态无法正常上送，会报"控制回路断线"信号。储能完毕，合闸回路接通，"控制回路断线"信号复归。现场调试时这种现象会经常碰到的。

2. "电源断线"信号应对

严格地讲，电源断线是可以归到控制回路断线的，因此可参考控制回路断线的应对方法。但其故障原因截然不同，主要是短路。

四、其他

（1）"电源断线或控制回路断线"信号是存在局限性的。当断路器在合闸状态，合闸回路的完整性被破坏时，或断路器在分闸状态，分闸回路的完整性被破坏时，是不能报出"控制回路断线"信号的。

（2）断路器辅助开关的动合触点和动断触点的状态转换并不完全同步，使得 HWJ 和 TWJ 的状态转换也不是完全同步的。在断路器分、合闸过程中，一般会有几十个毫秒 HWJ 和 TWJ 都为 0 的情况，如果不加判断延时，则会误报控制回路断线。为了避免因为不同步误发控制回路断线信号，现场要通过增加该开入采集的遥信去抖时间来躲过这段时间。

（3）"控制回路断线"信号还是某些异常或操作的伴随信号，特别是那些破坏合闸回路或分闸回路完整性的异常或操作。就小雨 2116 线来说，K10、K55、K12 等闭锁接触器失磁时都可能报此信号，而导致这些接触器失磁的原因就更多了。如在图 6-27 中，因为 K10 线圈正常时是励磁的，所以它的动合触点（13，14）正常时是接通的。但若出现某种情形，如发生泄漏，使得油压低于 25.3MPa 或 SF_6 气压低于 0.6MPa 时，K10 会失磁，它的动合触点（13，14）断开，就会报"控制回路断线"信号，详细内容可参见第七章。

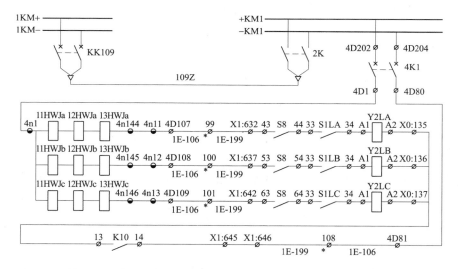

图 6-27　合闸位置继电器 11HWJ、12HWJ、13HWJ 线圈回路

🗲 第十四节　断路器三相不一致

断路器三相不一致是指断路器三相位置不一致，也称作断路器非全相。这里的三相不一致通常是指采用分相操动机构进行分相操作的断路器，在运行和操作中出现三相不同时合闸或不同时分闸的异常状况，所造成的断路器三相位置不一致。断路器三相不一致可能引起的零序、负序电流将对电力系统产生不利影响，甚至会造成保护和自动装置误动。

一、信号的含义

"断路器三相不一致"信号来自操作箱，用来警示监控人员和运维人员：断路器三相位置不一致。一般情况下，待信号发出时该断路器已三相分闸。

该信号一般会伴随有"电源断线或控制回路断线"信号。这是小雨2116线间隔的情形，若电源断线和控制回路断线这两个信号不是合并设置的，则会伴随有"控制回路断线"信号。

二、信号的传递原理

1. 信号开入回路

"断路器三相不一致"信号开入到测控装置的完整回路如图6-28所示。

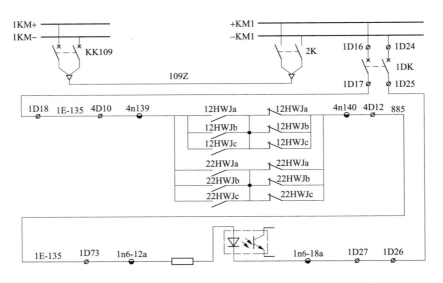

图6-28 "断路器三相不一致"信号开入到测控装置的完整回路

采集"断路器三相不一致"信号的正电源801取自线路测控屏屏后左侧端子排1D，经电缆1E-135到第二块线路保护屏屏后左侧端子排4D，在串接了操作箱内的三相不一致信号逻辑模块后，再经电缆1E-135回到测控屏屏后左侧端子排1D，接入开入点（1n5-12a，1n6-18a）后返回负电源。

三相不一致信号逻辑并不复杂，分成两个并联分支。第一个分支是第一组分闸回路中的合闸位置继电器12HWJ的三相动合触点并联、三相动断触点并联，然后两者串联；第二个分支类似，只是串并的是第二组分闸回路中的22HWJ的触点。

2. 合闸位置继电器12HWJ的线圈回路

合闸位置继电器12HWJ的线圈回路可参见图6-27。合闸位置继电器22HWJ的线圈回路类似，不再赘述。

三、信号出现时的应对方法

根据反措要求，扩展后的触点只能作为信号触点，不能作为保护判据，更不能作为非全相和失灵保护的判据，而位置继电器触点就属于扩展后的触点。因此，目前断路器基本上使用断路器本体的三相不一致保护，可参见第七章第十节。操作箱的三相不一致保护已被取消，操作箱所提供的"断路器三相不一致"信号主要起警示作用。

第十五节　切换继电器同时动作

对于双母线系统上所连接的电气元件，为了保证其一次系统和二次系统在电压上保持对应，以免发生保护或自动装置误动、拒动，要求保护和自动装置的二次电压回路随同主接线运行方式改变而同步进行切换。

一、信号的含义

"切换继电器同时动作"信号来自操作箱，用来警示监控人员和运维人员：小雨 2116 线正在进行倒母线操作，线路的两组母线侧隔离开关正处于同时合上状态，使两组母线 TV 的低压侧发生了并列。

二、信号的传递原理

1. 信号开入回路

"切换继电器同时动作"信号开入到测控装置的完整回路如图 6-29 所示。

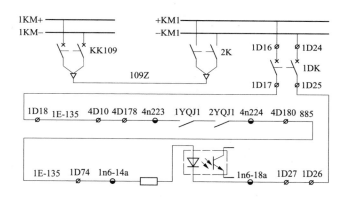

图 6-29　"切换继电器同时动作"信号开入到测控装置的完整回路

采集"切换继电器同时动作"信号的正电源 801 取自线路测控屏屏后左侧端子排 1D，经电缆 1E-135 到第二块线路保护屏屏后左侧端子排 4D，在串接了操作箱内电压切换继电器 1YQJ1、2YQJ1 的动合触点后，再经电缆 1E-135 回到测控屏屏后左侧端子排 1D，接入开入点（1n6-14a，1n6-18a）后返回负电源。

2. 操作箱电压切换继电器线圈回路

操作箱电压切换继电器线圈回路如图 6-30 所示，由图可知每组隔离开关提供一动合、一动断两副辅助触点，用于母线 TV 电压切换。

（1）当线路接在Ⅰ母上时，Ⅰ母隔离开关的动合辅助触点接通，1YQJ1、1YQY2、1YQJ3 继电器动作，1YQJ4、1YQJ5、1YQJ6、1YQJ7 磁保持继电器也动作，且自保持。Ⅱ母隔离开关的动断触点已将 2YQJ4、2YQJ5、2YQJ6、2YQJ7 复归。此时，操作箱面板上指示灯 1XD 亮，指示保护装置的交流电压由Ⅰ母 TV 接入。

（2）当线路接在Ⅱ母上时，Ⅱ母隔离开关的动合辅助触点接通，2YQJ1、2YQJ2、2YQJ3 继电器动作，2YQJ4、2YQJ5、2YQJ6、2YQJ7 磁保持继电器动作，且自保持。

Ⅰ母隔离开关的动断触点已将 1YQY4、1YQJ5、1YQJ6、1YQJ7 复归。此时，操作箱面板上指示灯 2XD 亮，指示保护装置的交流电压由Ⅱ母 TV 接入。

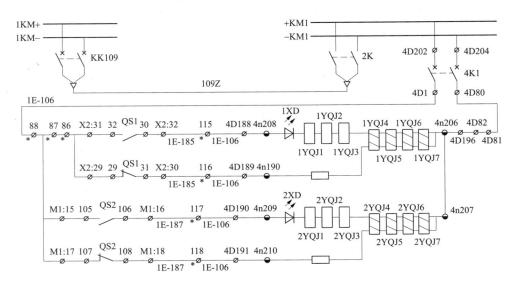

图 6-30　操作箱电压切换继电器线圈回路

（3）当两组隔离开关均合上时，则操作箱面板上指示灯 1XD、2XD 均亮，指示保护装置的交流电压由Ⅰ、Ⅱ母 TV 提供。若操作箱直流电源（第一组直流控制电源）消失，则磁保持继电器触点状态不变，保护装置不会失压，但信号指示灯 1XD、2XD 熄灭。

三、信号出现时的应对方法

只有双母线接线系统才存在这个信号。

若是进行热倒母线操作，"电压切换继电器同时动作"是应出现的正常信号，当其中的一组母线隔离开关拉开以后此信号就会消失。如果不消失，则说明二次回路出现故障，需要及时处理。

若在倒母线操作过程中未出现"电压切换继电器同时动作"信号，则无论操作箱面板上指示灯的指示正确与否，运维人员都应汇报调控中心并申请恢复至原状态后中止操作，等消缺后方可继续操作。

若某线路在正常运行时出现"电压切换继电器同时动作"信号，在消缺完成前，调控中心应避免在该母线系统上进行停送电操作。

四、反充电的路径

如果在双母线接线系统的正常运行中，某线路出现电压切换继电器同时动作情况而未及时处理，那么当某段母线失电或母线由运行改冷备用时，将造成失压母线被反充电。

例如，当在这种异常状况下再出现Ⅰ母失压时，由于 1YQJ6、1YQJ7、2YQJ6、2YQJ7 的动合触点均接通，Ⅱ母 TV 低压侧与Ⅰ母 TV 低压侧的电路是连通的，这样来自Ⅱ母的电压就会反充到Ⅰ母 TV 高压侧也就是母线上，可参见图 6-10。

反充电将导致运行母线 TV 的二次空气开关分闸，还会使运行母线上所有线路保护因 TV 断线而闭锁距离保护。

第十六节 测控直流消失

测控装置需要直流工作电源，小雨 2116 线测控装置电源是从屏顶直流控制母线引接，经空气开关 1DK 后提供给电源插件的。

测控装置的电源插件为直流逆变电源插件，直流 220V 电压输入经抗干扰滤波回路后，利用先逆变再整流的原理输出本装置需要的直流电压［5V，±12V，24V（1）和 24V（2）］。四组电压均不共地，采用浮地方式，同外壳不相连。其中：5V 为用于各处理器系统的工作电源；±12V 为用于模拟系统的工作电源；24V（1）为用于驱动开出继电器的电源，装置内部使用。

CSI-200EA 型测控装置的电源插件的 c16、a16 为信号空触点输出。

一、信号的含义

首先要说明：小雨 2116 线测控装置直流消失的光字是由同屏的小白 2115 线的测控装置采集上送的。其原因是，小雨 2116 线测控装置直流消失以后无法上送信号。

"测控直流消失"信号来自小雨 2116 线测控装置，用来警示监控人员和运维人员：线路测控装置直流工作电源消失。

二、信号的传递原理

1. 信号开入回路

小白 2115 线和小雨 2116 线是小荷变电站至白雨变电站的双回线，两条线路的测控装置布置在同一块测控屏上。为便于分析，下面分析小白 2115 线的测控直流消失回路。

"小白 2115 线测控直流消失"信号开入到测控装置的完整回路如图 6-31 所示。当小白 2115 线测控装置直流消失时，信号是借助于小雨 2116 线的测控装置上送的，注意图中 2D139、2D140 是小白 2115 线在测控屏屏后右侧端子排 2D 上的端子，a16、c16 是小白 2115 线测控装置电源插件上的触点。

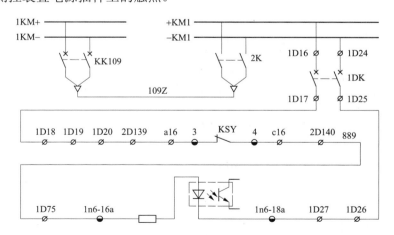

图 6-31 "小白 2115 线测控直流消失"信号开入到测控装置的完整回路

采集"小白2115线测控直流消失"信号的正电源801取自线路测控屏屏后左侧端子排1D，采用屏内连线方式连接了右侧端子排2D上的2D139端子，用同样方式再从2D140端子回到左侧端子排1D，接入开入点（1n6-16a，1n6-18a）后返回负电源。

在2D139、2D140端子之间接入了小白2115线测控装置电源插件的a16、c16接点，而在这对接点之间接入的是电源插件上的失压监视继电器KSY的动断触点（3，4）。

2. CSI-200EA型测控装置的电源插件

图6-32是电源插件照片。在图中的右下位置，用白色矩形框标出了一只继电器的位置，它是电源插件上的失电告警继电器KSY，型号是欧姆龙的G6B-2014P-24VDC。该型继电器线圈电压为DC24V，有2副动断触点（3，4）、（5，6）。当电源插件正常运行时，其动断触点是断开的；当电源插件失电时，其动断触点接通，可用来发告警信号。

图6-32　CSI-200EA电源插件

三、信号出现时的应对方法

1. 基本应对

当"测控直流消失"光字出现时，会伴随有"CSI-200EA型测控装置A网中断、B网中断"告警；间隔分图上断路器、隔离开关等位置符号均变成黄色；测控装置液晶屏不亮，面板上所有指示灯熄灭。此时应检查直流电源、空气开关是否正常，若无异常，可试送空气开关一次。若试送不成功，则由专业维护人员检查、处理。

2. 更换电源插件

若更换电源插件，可按下列步骤进行：

（1）打开测控装置面板。

（2）断开装置电源。

（3）退出远控出口压板。

（4）拔出电源插件。

（5）使用手电筒检查装置背板插座无异常。

（6）插入完好的电源插件。

（7）合上直流电源空气开关，确认面板上的灯亮，液晶屏亮。

（8）在端子排上用万用表测量直流输出电压正常。

（9）查看液晶上遥测（采样值）、遥信（开关量）正常。

（10）检查监控后台间隔分图正常，装置失电告警光字消失。

（11）投入远控出口压板。

参 考 文 献

[1] 布文哲，董海山，娄华薇. 输电线路光纤保护技术的应用及问题分析 [J]. 河北电力技术，2007，26（3）：35-38.

[2] 荣钢，海燕，左晓铮. 利用 RCS-900 系列线路保护远传命令双端联调的方法 [J]. 电力系统保护与控制，2010，38（18）：183-189.

[3] 江绍带. 关于继电保护开关电源的电容器使用寿命探讨 [J]. 科技与创新，2017，17：63-64.

[4] 黄东方. 500kV 变电站电气设备运行监控信号处置手册 [M]. 北京：中国电力出版社，2014.

第七章

来自配电装置的光字信号

来自配电装置的光字信号主要有断路器分闸总闭锁、SF_6 或 N_2 泄漏、SF_6 或 N_2 总闭锁、断路器油压低闭锁、断路器油泵启动、油泵打压超时、电动机或加热器失电及故障、相间不同期分闸、断路器就地控制、线路 TV 二次断线等。这些信号直接来自断路器、隔离开关的机构箱和 TV 等一次设备的端子箱，由各种辅助开关、行程开关、继电器（接触器）和传感器的触点提供。

这里必须指出，由于这类信号数量众多，生产现场普遍采用组合上送的方法，而各地对信号的组合方式不尽相同，因此来自配电装置的光字信号也存在一定的个性化现象。

第一节　来自配电装置的光字信号一览

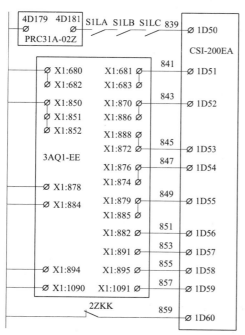

图 7-1　来自配电装置的光字信号一览

小雨 2116 线来自配电装置的光字信号，共 11 个，如图 7-1 所示。其中"交流电压消失"信号虽涉及操作箱内的 2 副继电器触点，但因串接了 3 副断路器辅助开关的触点，因此这里归类到来自配电装置的光字信号。

从图 7-1 可看出来自配电装置的光字信号的大致传递路径，但若要进行故障查找和定位，这些信息是远远不够的，因为像电源接线情况、电缆连接情况、测控开入号、辅助开关触点号和传感器触点号等都是未知的，只有掌握了完整的回路连接情况才能进行有效的分析。

第二节　交 流 电 压 消 失

在双母线接线中，线路的测量仪表、远动装置、继电保护和自动装置等所需要的母线二次电压来自两组母线 TV 中的一组。在正常运行方式下，小雨 2116 线连接在 II 母上运行，由 II 母母线 TV 提供二次电压，当小雨 2116 线倒换至 I 母运行时，则应切换到由 I 母母线 TV 提供二次电压，以保证其二次电压来源与一次接线方式的对应。实现这一切换功能的是二次电压切换回路。

一、信号的含义

"交流电压消失"信号来自操作箱和断路器机构箱，由两者联合提供，是一个重要信号，用来警示监控人员和运维人员：线路保护装置用的 220kV 母线交流电压消失。

二、信号的传递原理

1. 信号开入回路

"交流电压消失"信号开入到测控装置的完整回路如图 7-2 所示，图中的 1YQJ2、2YQJ2 均是电压监视继电器的动断触点，S1LA～S1LC 是断路器辅助开关的动合触点。

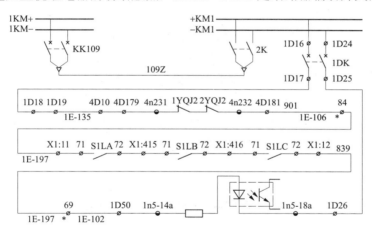

图 7-2　"交流电压消失"信号开入到测控装置的完整回路

采集"交流电压消失"信号的正电源 801 取自线路测控屏端子排 1D，经电缆 1E-135 到第二块线路保护屏端子排 4D，在串接电压监视继电器 1YQJ2、2YQJ2 的动断触点后经电缆 1E-106 到断路器端子箱，继而经电缆 1E-197 到断路器机构箱端子排 X1。在串接断路器辅助开关的 3 副动合触点（每相一副）后经电缆 1E-197 到断路器端子箱，再经电缆 1E-102 到线路测控屏端子排 1D，接入开入点（1n5-14a，1n5-18a）后返回负电源。

之所以串接断路器的辅助动合触点，是因为只有当断路器在运行状态时才有必要发"交流电压消失"信号。

2. 1YQJ2、2YQJ2 线圈回路

操作箱电压切换继电器 1YQJ2、2YQJ2 的线圈回路可参见图 6-30，由该图可知断路器 I 母侧隔离开关 QS1 和 II 母侧隔离开关 QS2 的辅助动合触点的通断状态是决定切换继

电器线圈是否励磁的主要因素。

正常运行时，断路器的母线侧隔离开关至少有一组是合上的，因此继电器1YQJ2、2YQJ2至少有一只是处于励磁状态。它们的动断触点至少有一副是断开的，信号开入回路是不通的，不会发出"交流电压消失"信号。

需要注意的是，当断路器的第一组直流控制电源失去时，如在进行倒母线操作中将断路器改非自动时需要将图6-30中的电源空气开关4K1断开，这时继电器1YQJ2、2YQJ2均失磁，也会发出"交流电压消失"信号。

3. 母线TV二次电压的切换方式

母线TV二次电压的切换有两种方式：①利用隔离开关辅助触点直接切换；②利用隔离开关辅助触点和中间继电器进行切换。前者一般只用在35kV及以下的屋内配电装置，小荷变电站采用的是后者。

Ⅰ母TV的二次电压送到屏顶小母线630L1、630L2、630L3和630LN，Ⅱ母TV的二次电压送到屏顶小母线640L1、640L2、640L3和640LN后，从操作箱所在的第二块线路保护屏的屏顶引入操作箱，经切换后提供给保护装置和测控装置，可参见图6-10及其说明。

三、信号出现时的应对方法

"交流电压消失"光字信号出现时，从表面上看是1YQJ2、2YQJ2失磁，实际上反映的是交流电压切换回路的问题，可能影响保护和测控功能。

（1）若是操作箱第一组直流控制电源消失，因交流电压切换回路中的继电器是双线圈继电器，状态不会变，保护装置不会失压。其对策是尽快恢复第一组直流控制电源。

（2）若是隔离开关辅助动合触点异常断开造成，比如常见的辅助触点接触不良，保护装置不会失压。现在的微机保护都具备在判断电压回路断线时自动退出相关保护的功能，所以只要冷静处理即可。

第三节　SF₆或N₂泄漏

作为一种自动电器，特别是在220kV及以上配电装置，不管采用哪种储能介质，断路器都是预先储存好操作能后处于预备动作状态。因此，监视断路器储能正常是变电站日常运维的一项重要工作。从本节开始，将陆续介绍多个和断路器储能系统有关的光字信号。

N_2泄漏是采用储能筒结构的储能系统的断路器运行中可能出现的严重问题，SF_6泄漏则是SF_6断路器运行中可能出现的常见问题。

一、信号的含义

"SF_6或N_2泄漏"信号来自断路器机构箱，是一个合并信号，用来警示监控人员和运维人员：断路器发生SF_6或N_2泄漏。

但这两个信号合并在一起不是很合适，因为两者的影响程度存在较大差异。出现SF_6泄漏信号时，并不闭锁合闸，更不闭锁分闸；出现N_2泄漏信号时，会立即闭锁合闸，还可能发展成闭锁分闸。

二、液压油主要压力值

3AQ1-EE 型断路器配用液压操动机构，其操作能是以压缩的 N_2 形式储存在储能筒里的。在正常情况下，处于储能筒中活塞两侧的油压与气压是一致的，因此油压值的大小直接关系到操动机构的做功能力，表 7-1 列出了液压油的主要压力值。

表 7-1   **3AQ1-EE 型断路器操动机构液压油的主要压力值**

压力值（MPa）	动作元件	电子式油压计行为	机械式油压计行为
32.0±0.4	K15 励磁	油压下降，B1（16，17）接通	油压下降，B1（1，2）接通
35.5±0.4	K81 励磁	油压上升，B1（20，21）接通	油压上升，B1（4，6）接通
30.8±0.4	K4 励磁	油压下降，B1（11，14）接通	油压下降，B1（7，8）接通
25.3±0.4	K3 励磁	油压下降，B1（27，30）接通	油压下降，B2（1，2）接通
27.3±0.4	K2 励磁	油压下降，B1（7，10）接通	油压下降，B2（4，5）接通

虽然电子式油压计已成主流，本书研究的断路器经过改造后配置的也是电子式油压计，但机械式油压计还有应用，故在表 7-1 中还是给出了机械式油压计行为。

三、信号的传递原理

1. 信号开入回路

"SF_6 或 N_2 泄漏"信号开入到测控装置的完整回路如图 7-3 所示。

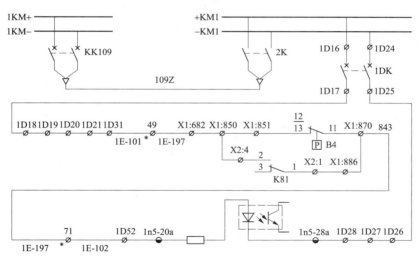

图 7-3 "SF_6 或 N_2 泄漏"信号开入到测控装置的完整回路

采集"SF_6 或 N_2 泄漏"信号的正电源 801 来自线路测控屏端子排 1D，经电缆 1E-101 到断路器端子箱，继而经电缆 1E-197 到断路器机构箱端子排 X1，在并接了 B4 的转换动断触点（11，13）和 K81 的转换动合触点（1，2）后经电缆 1E-197 到断路器端子箱，再经电缆 1E-102 到线路测控屏端子排 1D，接入开入点（1n5-20a，1n5-28a）后返回负电源。

2. K81 线圈回路

N_2 泄漏合闸总闭锁继电器 K81 非常重要，但名称有时会造成误解，它的线圈刚励磁时只是闭锁合闸，并不立即闭锁分闸（也就是西门子断路器术语里的总闭锁），需要特别留意。K81 的线圈回路如图 7-4 所示。

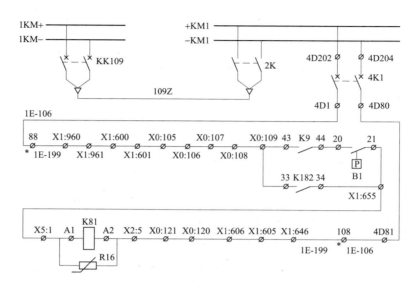

图 7-4　N₂ 泄漏合闸总闭锁继电器 K81 线圈回路

K81 线圈回路的电源是第一组控制电源，它励磁的条件是 K9 动合触点（43，44）接通、B1（20，21）动合触点接通，也就是油泵运行、油压上升到 35.5±0.4MPa。

K81 有 4 副转换触点，其线圈励磁后，各副触点的动作行为：

（1）转换动合触点（1，2）接通，发出 N₂ 泄漏光字信号。

（2）转换动断触点（4，6）断开，切断时间继电器 K15 的工作电源（相当于断开线圈的 A2 端子）；K15 的转换动合触点（15，18）断开，油泵停止，参见图 7-24。

（3）转换动断触点（10，12）断开，使 K12A、K12B、K12C 线圈失磁，闭锁合闸回路，参见图 4-21；转换动合触点（10，11）接通，使时间继电器 K14 励磁，3h 后使 K10 失磁，将闭锁第一组分闸回路，参见图 7-16。

（4）转换动合触点（7，8）接通，使中间继电器 K182 励磁，参见图 7-10。K182 的动合触点（13，14）接通使时间继电器 K82 励磁，参见图 7-18。3h 后使 K55 失磁，将闭锁第二组分闸回路。

（5）K182 励磁后，其动合触点（33，34）接通，又使 K81 线圈保持励磁，这是种比较奇特的保持方式。

四、信号出现时的应对方法

出现"SF₆ 或 N₂ 泄漏"光字信号时，首先要区分是 SF₆ 泄漏还是 N₂ 泄漏，再做相应处理。

1. "SF₆ 泄漏"信号出现时的应对方法

断路器极柱中 SF₆ 气体的压力由一只密度计监控，并由一只压力表显示即时数值。当 SF₆ 压力下降，低于 0.62MPa 时应发出"SF₆ 泄漏"报警信号。断路器应立即分闸，SF₆ 气体必须尽快予以补充，直至达到额定的气体压力。补气结束后，断路器可以重新合闸。

如果断路器中 SF_6 压力下降到不能保障可靠熄弧时，总闭锁生效。断路器所有的操作都将无法执行。SF_6 压力低于 0.3MPa 时，断路器不允许操作。

2."N_2 泄漏"信号出现时的应对方法

西门子公司认为即便储能筒发生 N_2 泄漏，液压操动机构还能保证在 3h 内有足够的操作动能来完成断路器分闸操作，这是理解相关回路的基础。当出现"N_2 泄漏"光字信号后，应先判断是真漏氮还是假漏氮，再做出相应处理。

真漏氮：此时 K81 动作，已断开油泵电源，停止打压，同时闭锁合闸。若压力下降较快，且复归 S4 能解除 K14、K82 自保持，应迅速汇报调度及上级部门，尽快停运断路器。

假漏氮：若此时现场压力正常，可通过复归 S4 按钮复归信号。若不能复归，可能是油压计微动开关短时出现卡涩，可在现场轻轻拍打几次油压计微动开关，助其恢复正常（针对机械式油压计）。

造成假信号的主要原因是时间继电器 K15 触点粘连或油压计触点粘连。正常补压时，油泵启动 10s 左右油压就会回复到 32.0MPa 以上，油泵继续运行 3s 后停止。但是，当油泵启动打压后，若 K15 的转换动合触点（15，18）粘连，则油泵不会停；若油压计动合触点（16，17）粘连，则时间继电器 K15 会一直励磁，油泵也不会停，就有可能发出泄漏信号，可参见图 7-24。

3. 反措

有的工程在 K9 线圈上并接了一个延时吸合的时间继电器 K67，同时还在 K9 线圈下面串接一副 K67 的转换动断触点，K67 的延时则设定为 15min。这样，无论是 K15 触点粘连还是油压计触点粘连，到了设定时间，油泵就会停转。这个做法可缓解上述问题，但更好的做法是实施反措，将机械式油压计更换成电子式油压计。

五、案例

案例背景：在某变电站中，当环境温度为 0℃左右时，威卡（WIKA）密度表示值较最初充气值低 0.015～0.02MPa。

案例分析：

威卡公司生产的密度表是基于双金属温度补偿原理，即随着温度的变化，双金属会收缩或膨胀来补偿温度对于密度造成的影响。

在某变电站中，充气时温度为 35℃，而现在气室的温度为 0℃左右。表计所处的机构内部，由于加热的缘故，温度可能达到 15～20℃，大于 15℃的温差导致了一种必然的结果，即：表计由于处在温度较高的环境中，双金属无法感知实际气室的温度，所以双金属在补偿时的参照温度是 15℃而不是 0℃，造成温度补偿不足的情况，直接体现的结果就是密度表的示值偏低。

因此，威卡公司的结论是：密度表示值偏低 0.1MPa 在现场的使用环境中是十分正常的情况，是在合理范围内。

六、压力表和密度继电器

1. 压力表和密度继电器的作用

密度是指某一特定物质在特定条件下单位体积的质量。SF_6 断路器中的 SF_6 气体是密封在一个容积固定的容器内的，在20℃时的额定压力下，它具有一定的密度值，在断路器运行的各种允许条件范围内，尽管SF_6气体的压力随着温度的变化而变化，但是SF_6气体的密度值始终不变。因为SF_6断路器的绝缘和灭弧性能在很大程度上取决于SF_6气体的纯度和密度，所以对SF_6气体纯度的检测和密度的监视显得特别重要。如果采用普通压力表来监视SF_6气体的泄漏，那就会分不清是由于真正存在泄漏还是由于环境温度变化而造成SF_6气体的压力变化。

为了达到经常监视密度的目的，国家标准规定，SF_6断路器应装设压力表或密度表和密度继电器。压力表或密度表是起监视作用的，如图7-5（a）所示，密度继电器是起控制和保护作用的；也有将两种功能组合在一起的，如图7-5（b）所示。

（a）   （b）

图7-5　SF_6压力表和密度继电器

（a）SF_6压力表（密度继电器安装在他处）；（b）SF_6压力表和密度继电器组合在一起

2. 密度继电器工作原理

SF_6密度继电器是以密封在基准气室内的SF_6气体的状态为基准，比较断路器本体气室中的SF_6气体的压力和基准气室中的SF_6气体压力的大小，根据比较结果来判断是否存在SF_6泄漏。以3AQ1-EE型断路器所装设的密度继电器为例，其工作原理如图7-6所示。

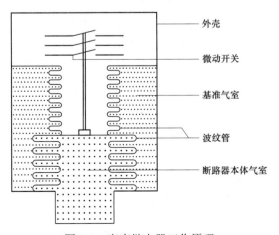

图7-6　密度继电器工作原理

断路器在额定气压下，波纹管的端面两侧承受的总压力是相等的，使波纹管的端面和带动微动开关的连杆及其微动开关都保持在平衡位置，微动开关的触点是断开的；当外界的环境温度变化时，基准气室和断路器本体气室的温度和压力也都在同时变化，压力变化对波纹管产生的作用互相抵消，微动开关的位置保持不变。

断路器本体在发生 SF_6 气体泄漏时，断路器本体气室内 SF_6 气体的密度减小、压力降低。这时，基准气室和断路器本体气室作用于波纹管端面上力的平衡被打破，使波纹管端面和带动微动开关的连杆向下产生位移。当 SF_6 气体泄漏到报警气压值时，微动开关中用于 SF_6 气体泄漏报警的触点就会接通，发出 SF_6 气体泄漏报警的信号。此时，断路器还可以进行分、合闸操作；当 SF_6 气体继续泄漏到闭锁气压值时，微动开关中用于 SF_6 气压闭锁的触点就会接通，发出 SF_6 气压闭锁的相关指令和信号，此时断路器不允许进行分、合闸操作。

七、压力计

压力计主要分为机械式压力计和电子式压力计。

1. 机械式压力计

机械式压力计是一种波尔登管压力计，如图 7-7 所示。图 7-7（a）是安装在断路器机构箱中的两只机械式压力计照片，图 7-7（b）是其中一只被拆卸下来并拿掉外壳后的照片。波尔登管是一根弯成圆弧形的空心金属管子，其截面做成扁圆或椭圆形，它的一端封闭，是弹簧管受压变形后的变形位移的输出端（图中可见部分）；另一端是被测压力的输入端（图中被遮挡住），与管接头相通。

（a）

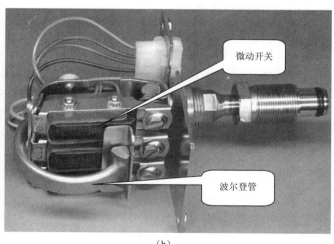
微动开关

波尔登管

（b）

图 7-7　机械式压力计

（a）安装在断路器机构箱内的机械式压力计；（b）机械式压力计内部结构

采用机械式压力计的 3AQ 系列断路器在运行过程中，可能会出现下列情况：油泵连续运转不停；在 35.5MPa 的压力下停止打压，氮气泄漏保护功能启动，同时发氮气泄漏报警信号并闭锁合闸；连续打压到安全阀开启。从用户反馈信息和现场工程师处理情况来看，大多是由于机械式压力计的微动开关触点卡滞造成的，因此机械式压力计基本上已被电子式压力计所替代。

2. 电子式压力计

小雨 2116 线目前使用 PSP-400 型电子压力计，可参见图 7-20。这种压力计运用智能微型处理器集成电路，并且采用了钢薄膜基多晶硅原理的高可靠性、高精密压力传感器和自诊断系统以满足高安全性的应用需求，其设计使用寿命超过 30 年。即使在传感器、控制电路（包括微处理器、内存、A/D 电路和 DC/DC 电源转换单元等）故障，甚至继电器自身故障时，输出触点也不可能发生误动作。

装置可通过 RS-232 端口连接至计算机，读取实时压力值并编程设定所有的压力控制阈值。即使发生断电故障，所有设定参数都不会丢失。装置通电后，可通过面板上的 LED 指示灯确认其运行状态。绿灯亮表示工作正常，红灯亮表示压力越限。

🗼 第四节　SF_6 或 N_2 总闭锁

前文已提及过，在西门子公司的技术语言中，总闭锁即闭锁分闸。显然这个信号出现时，其严重程度要甚于上一节的泄漏信号。

一、信号的含义

"SF_6 或 N_2 总闭锁"信号来自断路器机构箱，是一个合并信号，用来警示监控人员和运维人员：断路器已不允许进行分闸操作。

二、信号的传递原理

1. 信号开入回路

"SF_6 或 N_2 总闭锁"信号开入到测控装置的完整回路如图 7-8 所示，图中 K5 是第一组 SF_6 总闭锁继电器，K14 是第一组 N_2 分闸闭锁时间继电器。

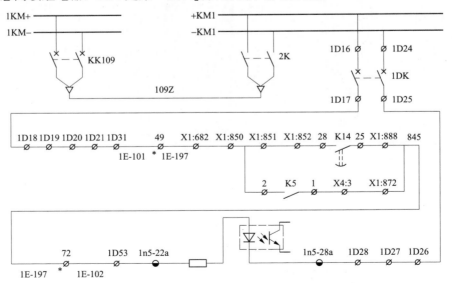

图 7-8　"SF_6 或 N_2 总闭锁"信号开入到测控装置的完整回路

采集"SF$_6$或 N$_2$ 总闭锁"信号的正电源 801 取自线路测控屏端子排 1D,经电缆 1E-101 到断路器端子箱,继而经电缆 1E-197 到断路器机构箱端子排 X1。在并接 K5 的动合触点（1,2）和 K14 的延时接通动合触点（25,28）后经电缆 1E-197 到断路器端子箱,再经电缆 1E-102 到测控屏端子排 1D,接入开入点（1n5-22a,1n5-28a）后返回负电源。

注意：在实际控制回路中,SF$_6$、N$_2$ 均有两组信号闭锁触点,但小雨 2116 线的信号回路仅接入第一组 SF$_6$ 总闭锁继电器 K5 和第一组 N$_2$ 分闸闭锁时间继电器 K14 的触点。

2. 第一组 N$_2$ 分闸闭锁时间继电器 K14 线圈回路

第一组 N$_2$ 分闸闭锁时间继电器 K14 线圈回路如图 7-9 所示。K14 是线圈缓慢吸合（延时动作、瞬时返回）的时间继电器。由图 7-9 可知,K14 受 N$_2$ 泄漏合闸总闭锁继电器 K81 和 N$_2$ 泄漏复位接触器 K182 的控制,当 K81 的转换动合触点（10,11）接通或 K182 的动合触点（33,34）接通时,K14 延时 3h 动作,发出 N$_2$ 总闭锁信号。

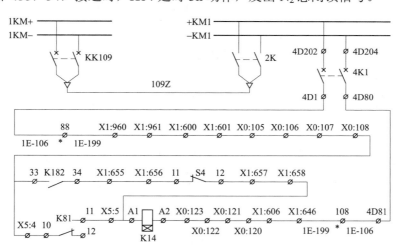

图 7-9　第一组 N$_2$ 分闸闭锁时间继电器 K14 线圈回路

3. N$_2$ 泄漏复位接触器 K182 线圈回路

K182 线圈回路如图 7-10 所示。在图 7-10 中,当 K81 励磁后,其转换动合触点（7,8）接通,K182 接触器线圈励磁。K182 接触器线圈励磁后,有以下两个动作：

（1）K182 动合触点（23,24）接通进行自保持。

（2）在图 7-9 中,K182 的另一对动合触点（33,34）也接通,使 K14 保持励磁状态,约 3h 后,串接在图 7-16 中的 K14 转换动断触点（15,16）断开,切断 K10 线圈励磁回路,也就是断开第一组分闸回路,同时发出"断路器分闸总闭锁"信号。

4. 第一组 SF$_6$ 总闭锁继电器 K5 线圈回路

K5 线圈回路如图 7-11 所示。由图 7-11 可知,K5 受 SF$_6$ 密度继电器 B4 控制。断路器正常运行时,B4 的转换动断触点（21,23）是断开的,K5 不会励磁。当 SF$_6$ 气压低于 0.6MPa 时,B4 的转换动断触点（21,23）返回接通,发出"SF$_6$ 总闭锁"信号。

小雨 2116 线所用的 3AQ1-EE 型断路器的 SF_6 气压额定值 0.7MPa，泄漏报警值 0.62MPa，总闭锁值 0.6MPa。

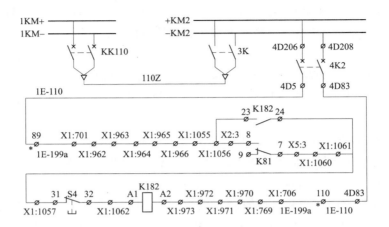

图 7-10　N_2 泄漏复位接触器 K182 线圈回路

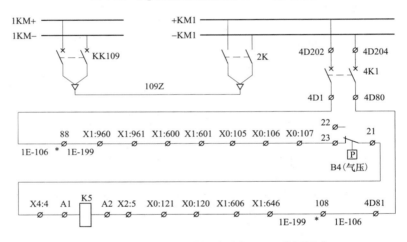

图 7-11　第一组 SF_6 总闭锁继电器 K5 线圈回路

三、信号出现时的应对方法

到现场确认情况属实后，拉开第一组直流控制电源、第二组直流控制电源，再进行下一步处理。

第五节　断路器油压低闭锁

相对于 N_2 泄漏和 SF_6 压力异常而言，断路器操动机构油压低是比较常见的。

一、信号的含义

"断路器油压低闭锁"信号来自断路器机构箱，是一个合并信号，用来警示监控人员和运维人员：断路器因操动机构油压低闭锁了合闸回路或分闸回路。

二、信号的传递原理

1. 信号开入回路

"断路器油压低闭锁"信号开入到测控装置的完整回路如图 7-12 所示,图中 K2 是油压合闸闭锁继电器,K3 是第一组油压分闸闭锁继电器。

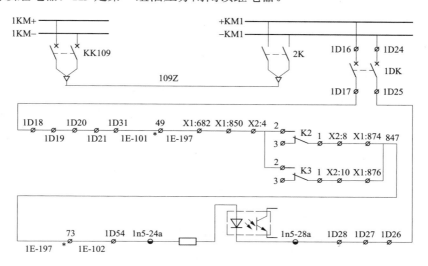

图 7-12 "断路器油压低闭锁"信号开入到测控装置的完整回路

采集"断路器油压低闭锁"信号的正电源 801 取自线路测控屏端子排 1D,经电缆 1E-101 到断路器端子箱,继而经电缆 1E-197 到断路器机构箱端子排 X1,在并接 K2 的转换动合触点(1,2)和 K3 的转换动合触点(1,2)后经电缆 1E-197 到断路器端子箱,再经电缆 1E-102 到线路测控屏端子排 1D,接入开入点(1n5-24a,1n5-28a)后返回负电源。要注意,从断路器端子箱返回线路测控屏端子排时是经电缆 1E-102 返回的,而非来时的电缆 1E-101。

K2、K3 都是受油压计 B1 控制,当油压下降到 27.3MPa 以下时,B1 的动断触点(7,10)返回接通,K2 线圈励磁,其转换动合触点(1,2)接通,发出"油压低闭锁合闸"信号,K2 线圈回路如图 7-13 所示;当油压下降到 25.3MPa 以下时,B1 的动断触点(27,30)返回接通,K3 线圈励磁,其转换动合触点(1,2)接通,发出"油压低闭锁分闸"信号,K3 线圈回路如图 7-14 所示。

2. 油压合闸闭锁继电器 K2 线圈回路

油压合闸闭锁继电器 K2 线圈回路如图 7-13 所示。图中,B1 的触点(7,10)在油压正常时是断开的,当油压降低到 27.3MPa 时接通,使 K2 线圈励磁。K2 线圈励磁后,其转换动合触点(1,2)接通,发出"油压低闭锁合闸"信号。

3. 第一组油压分闸闭锁继电器 K3 线圈回路

第一组油压分闸闭锁继电器 K3 线圈回路如图 7-14 所示。

在图 7-14 中,B1 的触点(27,30)在平时是断开的,当油压降低到 25.3MPa 时接通,使 K3 线圈励磁。K3 线圈励磁后,其动作行为:

（1）转换动合触点（1，2）接通，发出"油压低分闸闭锁"信号；

（2）K3 串在第一组分闸总闭锁接触器 K10 线圈回路中的转换动断触点（7，9）断开，使得 K10 线圈失磁，闭锁第一组分闸回路，可参见图 7-16。

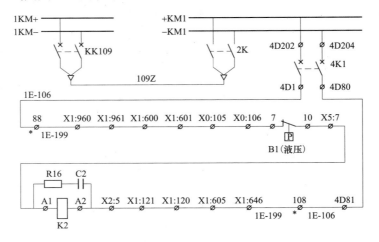

图 7-13　油压合闸闭锁继电器 K2 线圈回路

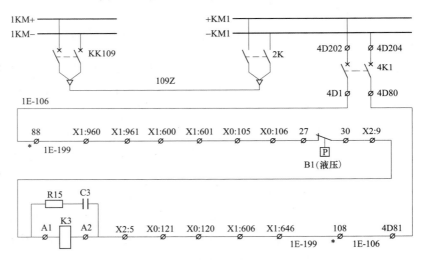

图 7-14　第一组油压分闸闭锁继电器 K3 线圈回路

三、信号出现时的应对方法

正常情况下，当油压降低到 32MPa 以下时油泵就会启动进行打压。只有在油泵未正常启动或者油泵虽已启动但无法维持压力时，油压才会逐步下降。前者意味着油泵控制回路发生异常，后者则意味着液压机构存在严重的内部或外部渗漏油情况。而且，在出现合闸闭锁信号前必然先出现闭锁重合闸信号，所以出现闭锁重合闸信号时就应展开应对措施。

毫无疑问，信号出现时应立即到现场查看液压机构工作及实际压力情况，分析是油泵控制回路异常还是液压机构存在严重的内部或外部渗漏油情况，再视情处理。

1. 液压控制回路异常

此时一般不存在渗漏油情况，压力的降低是相当缓慢的，从自动重合闸闭锁到合闸闭锁的时间相当长，一般不需要将断路器停役。常规的处理步骤如下：

（1）检查油泵电源回路，若是因油泵电源回路问题引起，应设法恢复打压。

（2）若电源回路正常，检查 K15、K9 动作情况，判断是油压计 B1 触点未闭合、继电器故障还是回路异常引起，可以先强行按压接触器 K9 使其动作打压至正常压力，再检查开关油泵控制回路。

（3）若 K9 动作正常，油泵电机电源也正常，可能是电机故障。

（4）经检查确定不能自行处理时，应汇报调度。

2. 液压机构存在严重内部或外部渗漏油

这种情况下，一般液压机构已进行过打压但压力依然无法维持或持续下降，油泵被闭锁并会发出"打压超时"信号，处理方法可参见本章第八节。压力的持续降低将是个快速的过程，处理时应先断开油泵电源空气开关，再根据油压闭锁情况及油压表压力读数，以及漏油的严重程度分别处理：

（1）自动重合闸闭锁：断路器仍可以进行分、合闸操作，汇报调度，建议及时将断路器停役处理，前提是时间足够不至于马上分闸闭锁。

（2）合闸油压闭锁：重合闸和合闸已被闭锁，断路器只可以进行分闸操作，汇报调度，建议立即将断路器停役，前提是时间足够不至于马上分闸闭锁。

（3）油压总闭锁：断路器分、合闸操作均已被闭锁，汇报调度。

在分闸闭锁情形下，断路器退出运行应优先采用倒空所连母线上其他间隔，用母联断路器断开，待对侧停役后，采用解锁拉两侧隔离开关的方式。不论采取哪种方式，均存在越级分闸的风险，可能造成母线失电。

🗼 第六节　断路器分闸总闭锁

断路器分闸总闭锁信号可以说是综合性最强的一个信号。在这个信号出现之前，一般会伴随出现"SF$_6$ 或 N$_2$ 泄漏""SF$_6$ 或 N$_2$ 总闭锁""断路器油压低闭锁"等信号。此时，操作箱面板上两组 OP 灯、保护装置上重合闸充电灯熄灭，测控屏上断路器分合闸指示灯（红、绿）熄灭。重合闸功能被闭锁，断路器根本无法操作。

一、信号的含义

"断路器分闸总闭锁"信号来自断路器机构箱，是一个合并信号，用来警示监控人员和运维人员：第一组分闸总闭锁接触器 K10、第二组分闸总闭锁接触器 K55 中的一只或两只失磁，连最基本的分闸操作都无法保证成功，因为可能两组分闸线圈回路都是不通的。

注意：有些地方将这个信号称作断路器分合闸总闭锁。

二、信号的传递原理

1. 信号开入回路

"断路器分闸总闭锁"信号开入到测控装置的完整回路如图 7-15 所示。

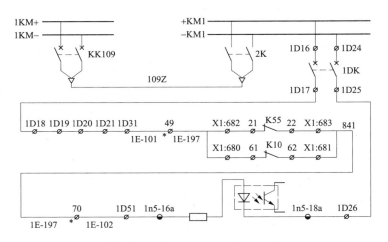

图 7-15　"断路器分闸总闭锁"信号开入到测控装置的完整回路

采集"断路器分闸总闭锁"信号的正电源 801 取自线路测控屏端子排 1D，经电缆 1E-101 到断路器端子箱，继而经电缆 1E-197 到断路器机构箱端子排 X1，在并接第一组分闸总闭锁接触器 K10 的动断触点（61，62）和第二组分闸总闭锁接触器 K55 的动断触点（21，22）后，经电缆 1E-197 到断路器端子箱，再经电缆 1E-102 到线路测控屏端子排 1D，接入开入点（1n5-16a，1n5-18a）后返回负电源。

2. 第一组分闸总闭锁接触器 K10 线圈回路

在图 7-15 中，K10 是第一组分闸总闭锁接触器，K55 是第二组分闸总闭锁接触器。从 K10、K55 这两只接触器串接在第一组、第二组分闸回路的触点是动合触点可知，在正常运行时它们的线圈都应该是励磁的，也就是动合触点是接通的，而动断触点是断开的，可参见图 4-12。

第一组分闸总闭锁接触器 K10 线圈回路如图 7-16 所示。除要求电源正常外，K10 线圈正常励磁还要求：

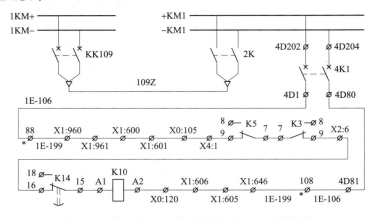

图 7-16　第一组分闸总闭锁接触器 K10 线圈回路

（1）第一组油压分闸闭锁继电器 K3 的转换动断触点（7，9）接通。

（2）第一组 SF_6 总闭锁继电器 K5 的转换动断触点（7，9）接通。

（3）第一组 N_2 分闸闭锁时间继电器 K14 的延时断开转换动断触点（15，16）接通。

或者说，继电器 K3、K5、K14 中的任一只动作，K10 即失磁。K3 的动作条件是油压降低到 25.3MPa，可参见图 7-14；K5 的动作条件是 SF_6 气压低于 0.6MPa，可参见图 7-11；K14 的动作条件是 N_2 泄漏合闸总闭锁继电器 K81 或 N_2 泄漏复位接触器 K182 励磁，可参见图 7-9 和图 7-10。

3. 第二组分闸总闭锁接触器 K55 线圈回路

第二组分闸总闭锁接触器 K55 线圈回路如图 7-17 所示，大致同 K10 线圈回路，只是将电源、电缆更换成第二组的，将第一组的 K3、K5 分别换成第二组的 K103、K105，但起同样作用的时间继电器 K82 的启动接线明显不同于 K14 的启动接线。

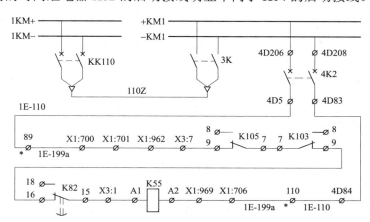

图 7-17 第二组分闸总闭锁接触器 K55 线圈回路

下面重点就 K82 的线圈回路进行探讨，其他与第一组类似的就不再赘述。

4. K82 的线圈回路

图 7-18 所示的是 K82 的线圈回路。可见，决定 K82 是否励磁的只有一副触点，就是 K182 的动合触点（13，14），但实际传递层次比较复杂：

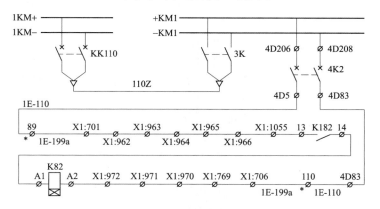

图 7-18 K82 线圈回路

（1）油泵打压接触器 K9 的动合触点（43，44）接通，油压上升并超过 35.5MPa，油压计 B1 的触点（20，21）接通，K81 线圈励磁，可参见图 7-4。

（2）K81 转换动合触点（7，8）接通，K182 线圈励磁并用其动合触点（23，24）自保持，参见图 7-10；K182 还用其动合触点（33，34）实现 K14 的自保持，可参见图 7-9。

（3）K182 的动合触点（13，14）接通，使 K82 线圈励磁。

（4）经 3h 延时，K82 的延时转换动断触点（15，16）断开，切断 K55 线圈回路。

（5）K55 失磁后，其串接在第二组分闸回路中的动合触点断开，导致第二组分闸回路被闭锁。

仔细分析会发现：N_2 泄漏的信源只有一个；K182 的线圈是在第二组直流控制电源供电范畴，而其触点则"穿越"到第一组直流控制电源范畴的 K14 线圈回路。这里巧妙地运用继电器隔离技术实现了第一组控制回路和第二组控制回路之间的电气隔离。

三、信号出现时的应对方法

断路器分闸总闭锁时，需要运维人员马上进行处理。

四、压力闭锁回路的电源问题

1. 问题的由来

这里的"压力"包括 SF_6 气体压力和液压系统的压力。在"四统一"设计中，虽然设置了双操作电源、双分闸线圈，但由于压力触点只有一组，为了保证压力回路的可靠供电，采用操作电源的自动切换，即正常情况下两组操作电源同时存在，切换回路用第一组操作电源。当第一组操作电源消失以后，自动切换至第二组操作电源。典型的操作电源切换回路如图 7-19 所示。这种设计的致命缺陷是当公共的压力回路发生故障时会造成两组电源都消失。

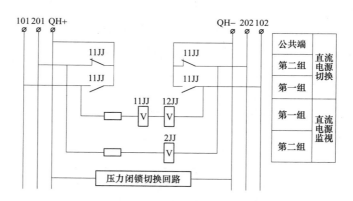

图 7-19 四统一操作电源自动切换回路

显然，彻底的解决办法是实现包括压力闭锁回路在内的操作回路完全双重化，即在双分闸线圈的基础上，由两套完全独立的压力触点启动独立的重动中间继电器，分别作用于两个独立的操作回路，保证两个回路完全独立。这样不论何种原因造成一组操作电源消失，另一组操作回路可以可靠分闸。当然，这对压力整定提出很高要求，即要保证同一级闭锁两组触点定值一致、输出同步，防止因不一致、不同步造成闭锁失败。

后来的"六统一"设计对此进行了优化，认为由断路器操动机构自行完成压力低闭锁跳合闸是最合理的，是今后发展方向，并明确"操作箱内的断路器操动机构'压力低闭锁重合闸触点'的转换继电器应以动断触点的方式接入重合闸装置的对应回路"。

2. 改进措施

有的地方的改进措施是，先把两组控制电源与压力切换电源回路断开电气连接，再单独从同一段直流母线引入两组直流电源提供给压力闭锁回路，并用上操作箱中原来的压力闭锁电源的工作电源切换回路。但这种做法实际上还是把"鸡蛋放在一只篮子里"，因为两组电源的源头还是同一处。

在小雨 2116 线所采用的西门子的 3AQ1-EE 型断路器机构中，压力计已更新为电子式压力计，型号为 PSP-400-7R，外观如图 7-20（a）所示。改进的做法是将压力闭锁电源从断路器机构箱内引接，分别引接第一组控制电源、第二组控制电源，在电子式压力计内部进行切换。电子式压力计的两路电源接口如图 7-20（b）所示。

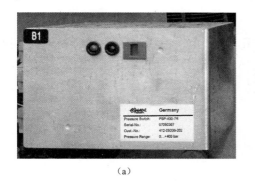 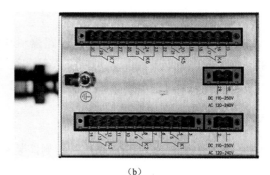

（a） （b）

图 7-20 PSP-400-7R 型电子式压力计

（a）压力计正面；（b）压力计侧面（电源输入插座和开关量输出接口）

PSP-400-7R 型电子式压力计的电源实际上是一种冗余配置，其原理框图如图 7-21 所示。图中，端子（1，2）接第一组直流控制电源，端子（1R，2R）接第二组直流控制电源。同时，为消除操作箱内原有压力闭锁回路的影响，防止压力闭锁电源失去时影响操作回路，对 11YJJ、12YJJ 触点进行短接，可参见图 3-11 和图 4-11。

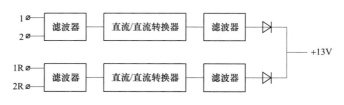

图 7-21 PSP-400-7R 型电子式压力计电源框图

🗼 第七节　断路器油泵启动

3AQ1-EE 型断路器的油泵是一种高压柱塞泵，它由一台 1.1kW 的三相电动机驱动，如图 7-22 所示。柱塞泵是利用柱塞在缸体中往复运动，使密封工作容腔的容积发生变化来实现吸油、压油。而柱塞的往复运动是依靠减速机带着曲轴旋转，再通过曲柄连杆机构实现的。柱塞泵对工质的清洁度要求较高。

图 7-22　油泵和电动机

一、信号的含义

"断路器油泵启动"信号来自断路器机构箱，是一个很直观的信号，就是提示断路器油泵电机通电旋转，用来警示监控人员和运维人员：油泵开始打压，注意打压持续时间、间隔时间和打压效果。

二、信号的传递原理

1. 信号开入回路

"断路器油泵启动"信号开入到测控装置的完整回路如图 7-23 所示。

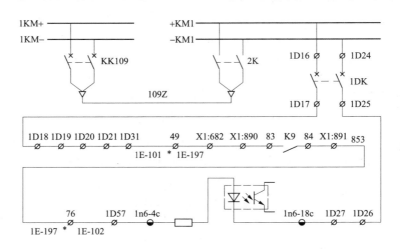

图 7-23　"断路器油泵启动"信号开入到测控装置的完整回路

采集"断路器油泵启动"信号的正电源 801 取自线路测控屏端子排 1D,经电缆 1E-101

到断路器端子箱，继而经电缆 1E-197 到断路器机构箱端子排 X1，在串接了打压接触器 K9 的动合触点（83，84）后经电缆 1E-197 到断路器端子箱，再经电缆 1E-102 到线路测控屏端子排 1D，接入开入点（1n6-4c，1n6-18c）后返回负电源。

2. 油泵控制回路

图 7-24 所示的是油泵控制回路。图中的油泵打压时间继电器 K15 比较特殊，对其动作行为要仔细分析，主要把握以下两点：

（1）K15 是需要工作电源的，工作电源加在端子 A1 和端子 A2 上，触点状态的转换取决于端子 B1 得电与否。

（2）K15 的动作特性是瞬时动作、延时释放，整定的时间是延时时长。

当油压降低到 32MPa 以下时，油压计 B1 的触点（16，17）接通，K15 的延时断开转换动合触点（15，18）接通，打压超时告警时间继电器 K67 线圈励磁，延时 3min 后动作。在 K67 线圈励磁同时打压接触器 K9 线圈励磁动作，其动作行为如下：

（1）K9 接在电动机回路的主触点接通，电动机开始运转。

（2）K9 接在信号回路的动合触点（83，84）接通，发出"断路器油泵启动"信号。

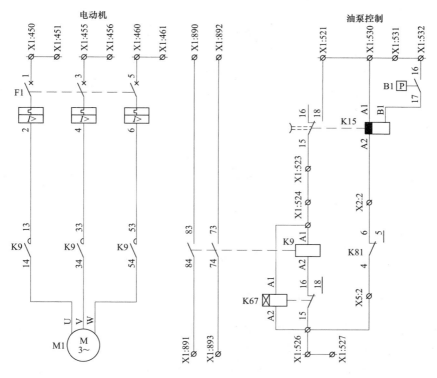

图 7-24　油泵控制回路

一般打压十来秒后，油压就会恢复到 32MPa 以上，B1 的触点（16，17）自然断开，K15 的延时断开转换动合触点（15，18）延时 3s 断开，K9 失磁，油泵电动机停转。如果出现异常情况，则由 K67 在整定时间到达后切断 K9 线圈回路，强停油泵电动机，以防止电动机过热烧毁。

三、信号出现时的应对方法

看到这个信号，要进行持续观察，看这个信号能否及时自动复归，还应注意这个信号出现的时间间隔。如果较长时间未复归，就应出现"油泵打压超时"信号，需要进行相应处理，可参见本章第八节。

第八节 油泵打压超时

3AQ1-EE 型断路器的三相交流油泵在 30MPa 压力下的供油量是 $0.7dm^3/min$，而整个液压储能筒的总容积才 $14dm^3$。由分、合闸操作或气温下降所致的油泵启动打压，其持续时间一般只要几秒到十几秒，打压时间长了则意味着回路或设备有问题。

一、信号的含义

"油泵打压超时"信号来自断路器机构箱，用来警示监控人员和运维人员：油泵打压时间过长，液压控制回路或油泵设备可能有问题。

二、信号的传递原理

1. 信号开入回路

"油泵打压超时"信号开入到测控装置的完整回路如图 7-25 所示。

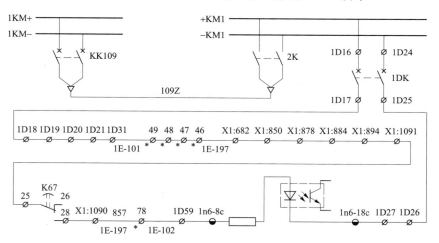

图 7-25 "油泵打压超时"信号开入到测控装置的完整回路

采集"油泵打压超时"信号的正电源 801 取自线路测控屏端子排 1D，经电缆 1E-101 到断路器端子箱，继而经电缆 1E-197 到断路器机构箱端子排 X1，在接入打压超时告警时间继电器 K67 的转换动合触点（25，28）后，经电缆 1E-197 到断路器端子箱，再经电缆 1E-102 到线路测控屏端子排 1D，接入开入点（1n6-8c，1n6-18c）后返回负电源。

2. K67 的作用

当油压下降低于 32MPa 时，油压计 B1 的触点（16，17）接通，K15 的瞬时接通延时断开动合触点（15，18）接通，同时使 K67 励磁。K67 的作用是控制油泵运转时间，K67 一般整定为 3min。如果情况正常，打压会很快完成，B1 的触点（16，17）断开，打压回路复归。如果情况不正常，K67 在计时结束后的动作行为如下：

（1）K67 的延时动断触点（15，16）断开，切断 K9 励磁回路，停止油泵打压。

（2）K67 的延时动合触点（25，28）接通，发出"油泵打压超时"信号。

三、信号出现时的应对方法

出现"油泵打压超时"信号时，应立即到现场查看液压机构工作及实际压力情况，根据检查结果分别处理：

（1）液压机构是否存在严重的外部渗漏油，若外部严重渗漏油，处理方法可参见本章第五节。

（2）若外部没有渗漏油，可能液压机构内部异常，如高、低压油路密封损坏，油内混入大量气体等，可尝试复归打压超时。其方法是使用复归钥匙 S4 复位 K67（需改接线，在 K67 线圈回路接入 S4 触点）或者断开控制电源使继电器复归，将 K67 整定时间延长，使油泵再次打压，通过观察油压能否建立及油压变化的速度，来判断故障的严重程度。必要时可进行放气，方法是将油泵低压抽油管接头顶部的排气螺栓拧松，保持前后移动直至排出的油内无气泡为止，拧紧排气螺栓，再打压，反复几次。

（3）其他可能的原因有油泵故障、油泵回路空气开关分闸、油泵回路电源缺相、液压控制回路继电器损坏等。也可尝试强行按 K9 使电动机动作打压，若油泵电动机不转就可判断是电动机故障。

第九节　电动机或加热器失电及故障

本节提到的电动机是指断路器液压操动机构中的油泵电动机，可参见本章第七节。

在一定的空气压力下，逐渐降低空气的温度，当空气中所含水蒸气达到饱和状态，开始凝结形成水滴时的温度叫做该空气压力下的露点温度。为防止机构箱内部发生凝露，只要保持开关柜体内部的温度始终高于外部环境温度即可，为做到这一点，就需要安装加热器。

加热器的作用是除湿防凝露，是机构箱和端子箱内不可或缺的元件。这是因为在空气潮湿时，尤其是在雨季，室外端子箱内比较潮湿，甚至会凝露积水，容易导致直流二次回路对地绝缘电阻下降，严重时绝缘电阻下降到零，从而形成直流正电源或负电源接地。长期受潮，还会使端子排螺丝和连接片生锈，使二次端子接触不良，会使电流回路的端子发热甚至开路。

一、信号的含义

"电动机或加热器失电及故障"信号来自断路器机构箱，是一个合并信号，用来警示监控人员和运维人员：断路器油泵电动机电源空气开关分闸或加热器电源空气开关分闸。

二、信号的传递原理

1. 信号开入回路

"电动机或加热器失电及故障"信号开入到测控装置的完整回路如图 7-26 所示，图中 F1 是电动机电源空气开关，F3 是加热器电源空气开关。

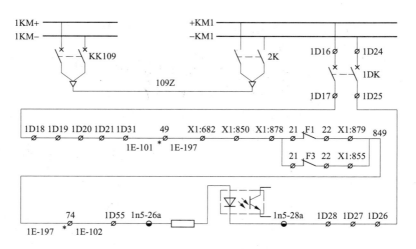

图 7-26 "电动机或加热器失电及故障"信号开入到测控装置的完整回路

采集"电动机或加热器失电及故障"信号的正电源 801 取自线路测控屏端子排 1D，经电缆 1E-101 到断路器端子箱，继而经电缆 1E-197 到断路器机构箱端子排 X1，在并接了电动机电源空气开关 F1 的动断触点和加热器电源空气开关 F3 的动断触点后，经电缆 1E-197 到断路器端子箱，再经电缆 1E-102 到线路测控屏端子排 1D，接入开入点（1n5-26a，1n5-28a）后返回负电源。注意返回测控屏端子排 1D 时是经电缆 1E-102 返回的。

当 F1 的动断触点（21，22）接通或 F3 的动断触点（21，22）接通时，发出"电动机或加热器失电及故障"信号。

2. 交流空气开关

图 7-27 所示的是小雨 2116 线断路器机构箱中油泵电动机电源空气开关，是西门子的 3VU13 型，可用于电动机保护，还可扩展辅助触点、分励脱扣器、欠压脱扣器、短路故障显示器和远程控制机构等。这里采用的是基本功能，即短路、过载保护功能。

3. 加热器

加热器有长热式（常投型）和由温、湿度控制器控制投退等类型。一般每 $0.1m^3$ 箱内空间配置加热器不超过 30W，以箱体内部具有微正压为宜。

三、信号出现时的应对方法

当电动机回路发生短路时，F1 会立即分闸；当过载发热、所带油泵超载荷闷泵、阀芯卡死而闷泵时，F1 的过载保护会动作分闸。当因机构箱进水等原因造成加热器短路，F3 会立即分闸；当加热器过载发热时，F3 的过载保护会动作分闸。任一空气开关分闸，都会报"电动机或加热器失电及故障"信号，有时还会因空气开关的辅助触点接触不良而

图 7-27 交流空气开关

误报信号。

空气开关自行分闸时，可在外观无明显异常的前提下间隔一段时间后试送一次。若试送不成功，应查明原因后处理。

🗼 第十节 相间不同期分闸

非全相运行是电力系统不对称运行的特殊情况，即输电线路或变压器等切除一相或两相的工作状态。在高压大电流接地系统中，断路器发生非全相运行时，将与电力系统短路一样，出现正序、负序和零序电流与电压，不但会严重影响系统中发电机的运行安全，还会影响高频保护、稳态量距离保护等运行性能。因此，电力系统一般不允许长时间非全相运行。

有关反措规定：220kV 及以上电压等级的断路器均应配置断路器本体的三相位置不一致保护。断路器三相位置不一致保护应采用断路器本体三相位置不一致保护。

一、信号的含义

"相间不同期分闸"信号来自断路器机构箱，用来警示监控人员和运维人员：断路器出现非全相运行，且持续时间超过整定时间值，断路器本体三相位置不一致保护动作出口，运行相断路器分闸。

"相间不同期分闸"是一个断路器分闸信号，与第六章中的"断路器三相不一致"信号的内涵有所不同。

二、信号的传递原理

1. 信号开入回路

"相间不同期分闸"信号开入到测控装置的完整回路如图 7-28 所示，图中 K61 是三相不一致第一组强行分闸接触器。

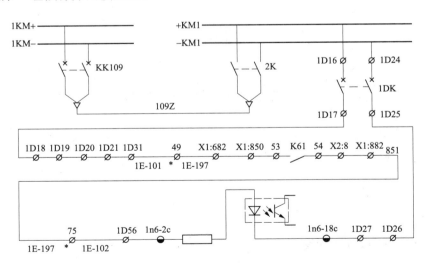

图 7-28 "相间不同期分闸"信号开入到测控装置的完整回路

采集"相间不同期分闸"信号的正电源 801 取自线路测控屏端子排 1D，经电缆

1E-101 到断路器端子箱，继而经电缆 1E-197 到断路器机构箱端子排 X1，在串接了 K61 的动合触点（53，54）后经电缆 1E-197 到断路器端子箱，再经电缆 1E-102 到线路测控屏端子排 1D，接入开入点（1n6-2c，1n6-18c）后返回负电源。注意返回线路测控屏端子排 1D 时是经电缆 1E-102 返回的。

小雨 2116 线现场没有接入三相不一致第二组强行分闸接触器 K63 的动合触点（53，54）。

2. 断路器本体三相位置不一致保护动作原理

3AQ1-EE 型断路器本体三相位置不一致保护回路如图 7-29 所示。它是由断路器并联的三相辅助动合触点和并联的三相辅助动断触点串联来作为启动回路。当断路器出现两相运行或单相运行时，启动回路接通，时间继电器开始计时。

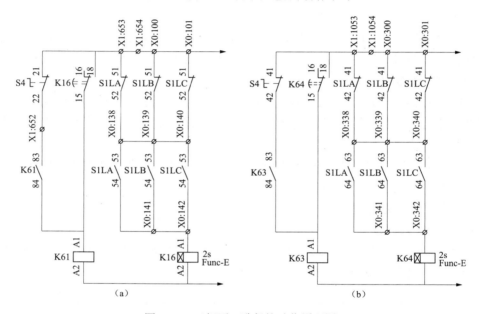

图 7-29　三相不一致保护动作原理图

（a）第一组三相不一致保护；（b）第二组三相不一致保护

当计时完成后，三相不一致强行分闸接触器 K61、K63 线圈励磁，它们串接在两组分闸线圈回路中的动合触点接通，断路器分闸，可参见图 4-12。

在系统发生单相瞬时性故障时，三相不一致启动时间继电器 K16、K64 虽然也会励磁，但因设定时间大于重合闸时间，在成功重合后继电器会立即失磁返回，三相不一致保护不会动作。

三、信号出现时的应对方法

三相不一致保护动作后，应查明原因。

应重视从机械方面来排查可能造成非全相运行的原因，比如合闸机构和断路器基座之间的连接螺杆松动、螺杆松动引起振动增大。前者会导致断路器合闸线圈动作后合闸操动机构行程不能完全到位，造成非全相运行；后者可能导致装在断路器机构箱内的三相不一致强行分闸接触器误动作。

应注意使用复归按钮 S4 进行复位操作，恢复断路器合闸回路。

四、伴随信号

小雨 2116 线的三相不一致强行分闸接触器 K61、K63 的型号是西门子公司的 3TH4262，每只接触器有 6 副辅助动合触点和 2 副辅助动断触点。K61、K63 线圈励磁后，动作行为如下：

（1）K61、K63 的动合触点（13，14）、（23，24）、（33，34）用于三相分闸。

（2）K61、K63 串接在分闸回路负电源侧的动合触点（43，44）与上面 3 副触点配合用于三相分闸。

（3）K61、K63 的动合触点（83，84）用于分闸命令自保持。

（4）K61、K63 的动合触点（53，54）用于发出"相间不同期分闸"信号。

（5）K61、K63 串接在合闸总闭锁接触器 K12 线圈回路的动断触点（61，62）断开了合闸线圈回路，K12 失磁。

K12 失磁后，TWJ 随之失磁，因此一旦出现非全相分闸，将伴随发出"控制回路断线"光字信号。

五、探讨

1. 非全相保护的两种实现方案

有两种方案可以实现非全相保护：①利用辅助保护中的非全相保护功能，断路器的辅助触点构成非全相启动回路启动重动中间继电器，继电器的触点作为辅助保护装置的开入，时间在保护装置内部整定，优点是回路在室内且分闸延时在微机保护中实现，精确度高，分闸是通过操作箱的继电器 TJR 实现的。但若设计有三相分闸启动失灵回路时，非全相分闸后也会启动断路器的失灵保护，不符合"线路保护的非全相保护动作后，不会启动失灵保护"的规定。②利用断路器机构箱内的非全相保护功能，出口触点直接作用于分闸回路，不存在启动失灵的问题，但是时间继电器在机构箱内，运行条件相对较差，加上时间整定多为电位器方式，使得时间的精确程度难以把握。

各地的做法不一，比如湖南电网实施细则就规定：2008 年前的变电站三相不一致保护采用断路器本体辅助触点，由保护屏实现，取消断路器本体三相不一致功能；2008 年后新建变电站执行"220kV 及以上电压等级的断路器均应配置断路器本体的三相位置不一致保护"。因此，还是应根据变电站甚至线路的具体情况来进行分析。

2. 与重合闸时间配合问题

断路器本体三相位置不一致保护动作时间应与线路保护重合闸时间配合，必须大于线路重合闸时间，以此保证在线路单相分闸至重合闸动作这段时间内出现断路器三相位置不一致时，断路器可靠不动作。如果三相位置不一致保护实际动作时间小于线路重合闸时间（一般重合闸时间为 0.7～1s），线路单相瞬时故障就会发展为三相全跳，造成事故扩大。

浙江电网早在 2001 年底就以浙电调字发文明确：断路器本体三相位置不一致保护应投入运行，动作时间统一按 2.5s 整定。

3. 三相不一致强行分闸接触器的安全防护

由于三相不一致强行分闸接触器 K61、K63 动作的结果是造成断路器三相分闸，误动风险很大，因此现场都布置了相应的防误操作措施，如粘贴警示标志，如图7-30所示，也有加装塑料保护罩的。就地分闸中间接触器K77也存在同样的风险，一般也采用同样的防护措施。

图7-30　三相不一致强行分闸接触器和就地分闸中间接触器

第十一节　断路器就地控制

行业内对断路器远方/就地切换控制回路的设计无明确标准和规定，不同的设计院采用的设计方案可能是不同的，可参见第九章第一节。就小雨2116线而言，当线路断路器的远方/就地切换开关S8处于"就地"位置时，远方无法控制断路器。

一、信号的含义

"断路器就地控制"信号来自断路器机构箱，用来警示监控人员和运维人员：断路器操动机构箱上的远方/就地切换开关处于"就地"位置。

二、信号的传递原理

"断路器就地控制"信号开入到测控装置的完整回路如图7-31所示，图中S8是断路器机构箱内的远方/就地切换开关。

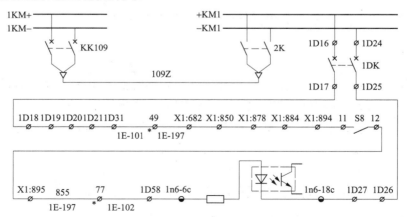

图7-31　"断路器就地控制"信号开入到测控装置的完整回路

采集"断路器就地控制"信号的正电源 801 取自线路测控屏端子排 1D，经电缆 1E-101 到断路器端子箱，继而经电缆 1E-197 到断路器机构箱端子排 X1，在串接 S8 的动合触点（11，12）后经电缆 1E-197 到断路器端子箱，再经电缆 1E-102 到线路测控屏端子排 1D，接入开入点（1n6-6c，1n6-18c）后返回负电源。

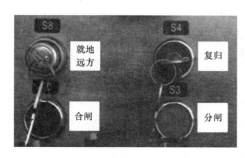

图 7-32   断路器机构箱内控制元件

图 7-32 所示的是 3AQ1-EE 型断路器机构箱内的几个控制元件。其中远方/就地切换开关 S8 是钥匙开关，在正常情况下是处于"远方"位置的。

三、信号出现时的应对方法

由于在正常运行时，断路器是不允许就地操作的，所以断路器机构箱上的远方/就地切换开关 S8 正常时都是处于"远方"位置。S8 只有在进行检修和试验时，为保障检修、试验人员的安全，才需要切换到"就地"位置。待检修、试验工作结束后，一定要将 S8 恢复到正常运行位置。

第十二节   线路 TV 二次断线

线路 TV 提供的是线路二次电压，这路电压也常称作线路抽取电压，是抽取线路的一个电压量作为自动重合闸装置检同期或检无压合闸的依据。

若继电保护整定单规定本侧先合闸，那么自动重合闸装置设定为检无压，这样在线路分闸之后，重合闸装置会通过线路单相 TV 检测到线路没有电压，再检无压自动合闸。若规定对侧先合闸，本侧检同期合闸，那么当对侧没有合闸，线路单相 TV 检测不到电压，重合闸装置不会先合闸。只有当对侧合闸了，重合闸装置才会将线路单相 TV 和母线 TV 提供的对应相电压量做同期比对，同期检定成功后发出检同期合闸命令。可见，无论自动重合闸是检同期还是检无压方式，都要依靠线路单相 TV 采集的一个电压量才能完成，这也正是线路单相 TV 的主要作用，即供重合闸装置检同期或检无压使用。

一、信号的含义

"线路 TV 二次断线"信号来自线路 TV 端子箱，用来警示监控人员和运维人员：线路 TV 的二次空气开关自动分闸或该空气开关被人为断开，已失去对线路电压的监控。

二、信号的传递原理

"线路 TV 二次断线"信号开入到测控装置的完整回路如图 7-33 所示。图中 2ZKK 是小雨 2116 线路 TV 的二次空气开关。

采集"线路 TV 二次断线"信号的正电源 801 取自线路测控屏端子排 1D，经电缆 1E-101 到断路器端子箱，继而经电缆 1E-196 到线路 TV 端子箱，在连接 2ZKK 的动断触点（11，12）后经电缆 1E-196 连接到断路器端子箱，再经电缆 1E-102 到线路测控屏端子排 1D，接入开入点（1n6-10c，1n6-18c）后返回负电源。

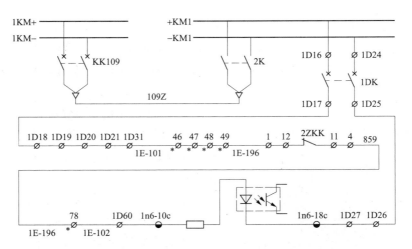

图 7-33 "线路 TV 二次断线"信号开入到测控装置的完整回路

三、信号出现时的应对方法

出现"线路 TV 二次断线"信号的原因可能是空气开关自动分闸、回路断线、接点松动、接点虚接、测控装置内部异常等。处理时应注意以下事项：

（1）不要造成 TV 二次回路短路。

（2）若要更换空气开关，要选择相同型号和参数。

（3）一般只能试送一次，试送后若再次分闸，不得再次送电。

四、探讨

1. 线路 TV 断线的影响

从保护整定单可知，两套线路保护装置 RCS-931A、PSL-603GA 不取用线路电压，因此线路 TV 二次断线并不影响主保护工作。

断路器保护装置 PSL-631C 需要取用线路二次电压，但该装置有电压、电流自检功能，能够发现 TV 二次断线。其主要逻辑和行为是当抽取电压低于 8V，且任一相有流或断路器在合闸位置时，满足条件持续 10s 会点亮装置面板上 "TV 断线"信号灯。待电压恢复正常后，这个信号会自动复归。

2. 线路一般只装设单相 TV

DL/T 5136—2012《火力发电厂、变电站二次接线设计技术规程》规定："需监视线路侧电压和重合闸时，可在出线侧装设单相 TV"。

事实上，线路同期检定只需要将线路 TV 的单相电压和对应母线 TV 与线路 TV 同相的那相电压进行比对即可，所以线路 TV 只有一相就够用了。

参 考 文 献

[1] 张志华，冯辰虎. 220kV 断路器操作箱与断路器二次回路的配合 [J]. 华北电力技术，2006，（11）：48-50.

[2] 史雷敏，郭伟伟，郝雁翔等. 双重化配置继电保护的压力闭锁电源问题分析 [J]. 电力系统自

动化，2010，34（16）：97-99.

[3] 袁浩，王琰，倪益民，等. 高压线路保护非全相运行状态下的考虑 [J]. 电力系统自动化，2010，34（20）：103-107.

[4] 严昌锋，胡作新. 高坝洲电厂 220kV 高压开关三相不一致事故的分析和处理 [J]. 湖北水力发电，2007，（5）：19-21.

[5] 李海燕，王旭红. 断路器三相不一致保护应用研究 [J]. 电力学报，2013，28（4）：290-293.

[6] 蔡耀红，刘曦，孙文文. 断路器三相位置不一致时间继电器问题分析 [J]. 浙江电力，2015，（5）：61-63.

第八章

事故总信号和操作箱面板指示灯状态信息

在反映变电站运行工况的各种信号中，事故总信号是排在第一位的，这是因为事故总信号一旦出现就意味着有断路器事故分闸，电网运行状态发生变化，并可能伴随有负荷损失。而操作箱面板信号指示灯状态信息和控制回路的关系很密切。本章分析小雨2116线间隔的事故总信号和操作箱面板指示灯状态信息。

第一节　事　故　总　信　号

事故总信号分成间隔事故总信号和全站事故总信号。前者只反映一个间隔有事故分闸；后者则是反映全站任一间隔有事故分闸，是各间隔事故总信号的逻辑或。因此，本节只分析间隔事故总信号的原理。

一、间隔事故总信号的含义

间隔事故总信号主要反映正常运行中的断路器因各种故障而由保护出口分闸或者因偷跳而自行分闸，该信号一旦出现则表明断路器事故分闸。

二、间隔事故总信号构成方式

习惯上，间隔事故总信号是基于断路器位置不对应原理构成的。所谓位置不对应，是指 KK 开关位置和断路器实际位置不对应，比如 KK 开关在合后位置而断路器在分闸位置就是一种典型的断路器位置不对应情形。

需要注意的是，目前间隔事故总信号的构成方式有很多种，如 Q/GDW 11021—2013《变电站调控数据交互规范》规定可采用报文信息、操作箱开关异常分闸信号、非受控分闸信号等作为间隔事故总信号，其中有的构成方式并不能反映断路器偷跳的情况，需要结合研究对象细心分析。

1. 在传统变电站中的间隔事故总信号构成方式

在传统变电站中，间隔事故总信号表现为一种由电笛（俗称喇叭）发出的事故音响。

传统变电站一般都是有人值班的，二次回路采用硬接线模式，断路器是由安装在控制室内控制屏上的 KK 开关直接控制的。在断路器由手动合上后，只要不是人为去操作 KK 开关手柄，那么 KK 开关合后位置接通触点会一直处于接通状态。这时，若断路器由保护装置出口分闸或自行偷跳，会因为 KK 开关的手柄位置没有变化，其合后位置接通触点的状态自然也不会变化。根据这个特点，可以将断路器辅助开关动断触点和 KK 开关合后位置接通触点串联起来构成间隔事故总信号回路。该回路接通后就启动事故音响，也就是鸣响电笛，以提醒值班人员。

事故发生后，需要值班人员去复归对位，做法是把 KK 开关手柄操作到分后位置（即所谓的对应操作），KK 开关合后位置接通触点断开，使不对应回路断开，事故音响停止，掉牌复归。

2. 在常规变电站、智能变电站中的间隔事故总信号构成方式

在变电站综合自动化条件下，间隔事故总信号表现为监控系统事故推画面和监控计算机发出的事故音响。

同现在很多智能变电站是由常规变电站改造而来一样，当时很多常规变电站是由传统变电站改造而来。由于传统变电站主要是考虑就地操作，因此在 20 世纪 90 年代初，电力系统开始对传统变电站进行无人值班改造时，碰到的一个很棘手的问题就是遥控如何和传统二次回路配合。一般是用操作箱内合后位置继电器 KKJ 的动合触点串联 TWJ 动合触点来构成一个事故总信号开入测控装置。

变电站采用计算机监控系统，尤其是采用无人值班以后，事故总信号由计算机监控系统生成，也就是变成由软件组态产生的"软信号"，这是因为间隔层和站控层之间传输的是报文，但其组态思想与传统的硬接线事故总信号实现思想是一脉相承的。在实际工作中，间隔事故总信号的组态呈现多样化趋势，国产、进口的测控系统各有千秋。图 8-1 所示的是 ABB 公司的 REC670 用作线路测控装置时的事故总信号逻辑图。

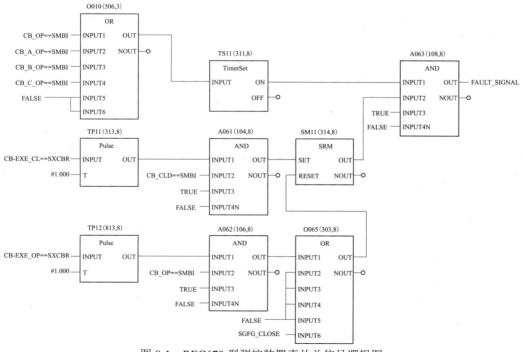

图 8-1　REC670 型测控装置事故总信号逻辑图

由图 8-1 可知，当运维人员通过 REC670 型测控装置进行断路器远方手动合闸操作时，合闸脉冲 CB-EXE_CL==SXCBR 和断路器合位 CB_CLD==SMBI 使触发器 SRM 置位。当不是因为通过 REC670 型测控装置进行远方手动分闸操作（也就是不曾出现分闸脉冲 CB-EXE_OP==SXCBR）而发生断路器任一相变为分位时，就会产生 FAULT_SIGNAL 事故总软信号。此信号通过 EVENT 事件模块上送至监控后台，SGFG_CLOSE 用于信号复归。

在某些变电站设计中，当 220kV 线路发生事故分闸时，还会发"操作箱事故分闸"光字信号。这个光字信号是由操作箱中的 TWJ 和模拟断路器合后接通的继电器触点组成，也属于硬触点信号。

三、合后位置继电器（KKJ/HHJ）

合后位置继电器是在传统变电站过渡到常规变电站时期从断路器 KK 开关的合后位置触点延伸出来的，是后者的一种替代手段。

1. 传统变电站自动化改造

受当时设备自动化水平的限制，"无人值班"的实现途径是通过在传统二次回路基础上增加具备"四遥"（遥控、遥调、遥测、遥信）功能的集中式 RTU 来实现，即单纯保护配集中式 RTU 改造模式。遥控是通过 RTU 遥控输出触点并联在手动触点上实现，当断路器遥控分闸时，因为 KK 开关手柄不能自动变位，会因为位置不对应启动重合闸和事故音响。无人值班变电站不可能靠人去手动对位，同时也不可能在 KK 开关手柄上加装电机，遥控同时驱动电机让 KK 开关手柄变位，成本太高也不可靠。

当时普遍采取的解决办法是遥控分闸时输出两副触点，一副去分断路器，一副给重合闸放电。对于误发事故总信号，没有太好的解决办法。考虑到改造的目的是实现无人值班，所以一般是采取直接取消不对应启动事故总信号回路的办法。对于保护出口分闸，有些厂家直接采用保护动作来启动重合闸和发事故总信号，而没有遵循不对应启动原理。这样，如果断路器偷跳，是不会启动重合闸和发出事故总信号的。这种方法并不可取，虽然断路器偷跳概率极小，但存在这种可能。

2. 新建常规变电站

对于新建综合自动化变电站（即本书所说的常规变电站），由于"四统一"设计规范、"六统一"设计规范和新"六统一"设计规范都没有具体规定事故总信号回路，所以不同厂家的做法也有所不同。

以南瑞继保的 CZX 系列操作箱为例。操作回路里通过增加 KKJ 继电器来解决不对应启动的问题。KKJ 继电器实际上是一个双线圈磁保持双位置继电器。该继电器有一只动作线圈和一只复归线圈，当动作线圈加上一个"触发"动作电压后，触点接通。此时如果线圈失电，触点也会维持原接通状态，直至复归线圈上施加一个动作电压，触点才会返回。当然这时如果线圈失电，触点也会维持原断开状态。

CZX-12R2 型操作箱双位置继电器 KKJ 的线圈回路可参见图 4-8，KKJ=1 代表断路器为远方手动合闸；KKJ=0 代表断路器为远方手动分闸。当远方手动合闸时同时启动 KKJ 的动作线圈；远方手动分闸时同时启动 KKJ 的复归线圈，而保护分闸则不启动复归线圈。这样 KKJ 继电器就完全模拟了传统 KK 开关手柄所实现的功能，既延续了电力系统的传统习惯，也满足了变电站综合自动化技术的需要。

需要注意的是，采用上述设计时，在某些情况下仍可能短时发间隔事故总信号。例如，采用通过 KKJ 的动合触点去启动中间继电器，再由中间继电器的动合触点和 TWJ 动合触点串接起来构成信号回路的情形下，若该中间继电器并联了电容延时电路，当手动分闸断路器时，在 KKJ 继电器失磁返回、断路器断开、TWJ 继电器励磁动作后，中间继电器仍没有返回，就会出现中间继电器和 TWJ 继电器输出触点同时接通的情况，从而短时发出间隔事故总信号。

3. 各家公司的合后位置继电器

（1）南瑞继保 RCS 和 LFP 系列保护装置中的 CZX 型操作箱内的操作插件上都有 KKJ 继电器。

（2）国电南自的 FCX 系列操作箱中的合后位置继电器也称为 KKJ。

（3）许继电气的 800 系列操作箱，如三相操作箱 ZSZ、分相操作箱 ZFZ-812/A 等，合后位置继电器的命名是 HHJ。

此外，在有的设计中并不使用操作箱插件上的合后位置继电器，而采用在端子排上装设专门的合后位置继电器的方法，图 8-2 所示的就是一个实例。

图 8-2　合后位置继电器

需要注意的是，在断路器事故分闸后，需要用手动分闸的方式对双位置继电器 KKJ 或 HHJ 进行复位，以使控制回路恢复到手动分闸的完整状态。

第二节　CZX-12R2 型操作箱面板指示灯状态信息解读

由于操作箱是按照统一的标准设计的，因此在同类型操作箱的面板上，信号灯的设置基本是一致的，各种信号灯的作用也是基本一样的。

一、CZX-12R2 型操作箱面板上指示灯

CZX-12R2 型操作箱面板上共有 15 个信号灯，可大致分成左、右两组，如图 8-3 所示。

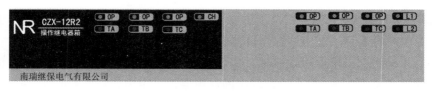

图 8-3　CZX-12R2 型操作箱面板图（局部）

左边这组有 7 个指示灯：

（1）第一组分闸线圈 A、B、C 三相的回路监视信号灯（OP）。

（2）第一组分闸回路 A、B、C 三相分闸信号灯（TA、TB、TC）。

（3）重合闸信号灯（CH）。

右边这组有 8 个指示灯：

（1）第二组分闸线圈 A、B、C 三相的回路监视信号灯（OP）。

（2）第二组分闸回路 A、B、C 三相分闸信号灯（TA、TB、TC）。

（3）指示交流电压取自 I 母 TV 信号灯（L1）。

（4）指示交流电压取自 II 母 TV 信号灯（L2）。

二、相关回路和说明

1. 分闸线圈回路监视

在第四章第八节曾分析过分闸线圈回路监视接线，知道分闸线圈回路监视是由合闸位置继电器 HWJ 实现的。这里所讲的也是分闸线圈回路监视，但具体接线和展示手段略有不同。以 A 相为例，接线不同之处在于操作箱接线部分，改为由 LED 灯 1JGa（即操作箱面板上所标的 OP 灯）和继电器 11TBIJa 和 12TBIJa 的线圈串联，展示手段不同之处在于是用操作箱面板上 OP 灯直接显示，可参见图 3-11。

OP 灯可以简单理解成运行灯，当断路器处于合闸状态时，OP 灯是常亮的。因为此时分闸线圈回路中的断路器辅助开关动合触点是处于接通状态的。

2. 分闸信号灯

以第一组分闸线圈信号回路为例分析分闸信号灯，其回路如图 8-4 所示。

在图 8-4 中，4D1、4D80 分别接第一组直流控制电源的正、负极，LED 指示灯 1XDa、1XDb、1XDc 就是分闸信号灯 TA、TB、TC，磁保持继电器 TXJa、TXJb、TXJc 是分相分闸信号继电器。

很明显，分闸信号灯受到 TXJa、TXJb、TXJc 动合触点的控制，而分闸信号继电器的动作线圈本身又受到手跳继电器 STJa、STJb、STJc 动断触点的控制。也就是说，当断路器分闸是手动操作导致时，STJa、STJb、STJc 动断触点会断开 TXJa、TXJb、TXJc 动作线圈回路，分闸信号灯不会被点亮；当断路器分闸是保护出口导致时，分闸信号灯才会被点亮并保持。

若线路故障时发生断路器拒动的情况，可根据分相分闸信号继电器 TXJa、TXJb、TXJc 是否动作，也就是分闸信号灯是否被点亮来判断是保护拒动还是断路器拒动。

3. 重合闸信号灯

在图 8-4 中，LED 指示灯 XDz 就是重合闸信号灯 CH，磁保持继电器 ZXJ II 为自动重合闸信号继电器的复归线圈。

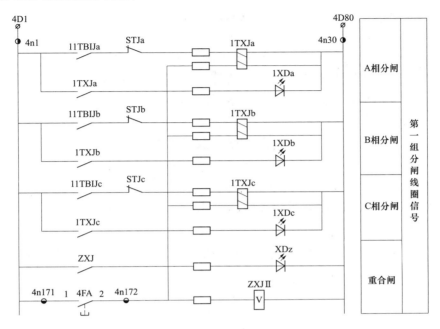

图 8-4　第一组分闸信号回路图

重合闸信号灯 CH 受到自动重合闸信号继电器 ZXJ 动合触点控制。当自动重合闸动作后，ZXJ 动合触点接通，面板上的重合闸信号灯 CH 被点亮并自保持。在点亮操作箱面板上信号灯的同时，系统还会发出"重合闸动作"信号，可参见图 6-7。

4. 重合闸出口回路

重合闸出口回路如图 8-5 所示，图中 ZHJ 为重合闸重动继电器，ZXJ I 为自动重合闸信号继电器的动作线圈。

重合闸动作命令是断路器保护装置 PSL-631C 发出的，这个命令是采用屏间连接电缆 1E-141 从第一块线路保护屏引接到操作箱所在的第二块线路保护屏的。

当自动重合闸出口压板 15LP13 放上时，若断路器保护装置 PSL-631C 送来的重合闸出口继电器 CHJ 的动合触点接通，继电器 ZHJ、ZXJ 动作。ZHJ 动作后有 3 对动合触点接通并被分别送到 A、B、C 三个分相合闸回路，使断路器的合闸线圈励磁动作，实现重合闸。

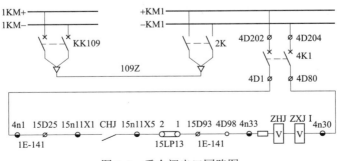

图 8-5　重合闸出口回路图

由图 8-4 可知，当按下复归按钮 4FA 时，复归线圈 ZXJ Ⅱ 励磁，重合闸信号就被复归。

5. 交流电压接入指示

L1 灯和 L2 灯是反映保护装置交流电压接入情况的指示灯，分别指示交流电压是接自 Ⅰ 母 TV 二次侧还是 Ⅱ 母 TV 二次侧。在正常运行方式下，小雨 2116 线连接在 220kV Ⅱ 母运行，因此 L2 灯常亮，具体接线可参见图 6-30。

参 考 文 献

[1] 张玉诸. 发电厂及变电所的二次接线 [M]. 北京：水利电力出版社，1984.

[2] 王志平，吴玉林，朱书扬，等. 变电站事故总信号生成方式及改进 [J]. 江苏电机工程，2006，25（5）：53-55.

[3] 张岩坡，贾荣正，张行，等. CZX-12R1 事故总信号分析 [J]. 河北电力技术，2016，35（1）：60-62.

第九章

GIS 站 220kV 线路间隔控制和信号

前面章节介绍了采用最常见的空气绝缘开关设备 AIS，也就是敞开式开关设备的 220kV 线路的控制和信号。自 20 世纪 70 年代以来，为改善运行条件、减少占地面积，气体绝缘金属封闭开关设备 GIS 和 HGIS 逐步得到推广应用。GIS 是全封闭结构，将断路器、隔离开关、接地开关、母线、互感器和避雷器等主要部件均装入封闭的金属容器中，用环氧树脂绝缘子支持导体，并内充以 SF$_6$ 气体作为绝缘及灭弧介质。HGIS 的结构与 GIS 的结构基本相同，但它不包括封闭母线设备。

本章以河南平高电气股份有限公司（以下简称平高电气）生产的 ZF11-252（L）型 GIS 为研究对象，简要介绍采用 GIS 设备的 220kV 线路间隔的控制和信号。

🗼 第一节 220kV 线路间隔 GIS 设备的控制

在配电装置现场控制柜的布置上，GIS 与 AIS 有一个明显的不同之处，就是 GIS 是采用汇控柜集中布置一个间隔内的断路器、隔离开关、接地开关的二次控制元件，汇控柜与继电保护室直接用二次电缆连接，两者之间没有设置断路器端子箱。

汇控柜的主要功能如下：

（1）各开关元件的就地分、合闸操作和自我保护功能。

（2）就地、远方操作转换功能。

（3）隔离开关、接地开关电动操作和手动操作闭锁功能。

（4）各开关元件的分、合闸指示信号。

（5）实现汇控柜端子排和元件的电气连接，包括各开关元件辅助开关端子的连接，TA、TV 抽头的连接，各气室密度继电器报警触点的连接，各种报警触点引线连接。

本节重点介绍一种采用新型快速电动机构的隔离开关（接地开关）的控制闭锁回路。断路器控制回路可参见第四章第九节，本节只简单介绍断路器远方/就地切换回路的规范和断路器操作闭锁问题。

一、ZF11-252（L）型 GIS 结构简介

平高电气的 ZF11-252（L）型 GIS 是在吸收了法国 MG 公司生产的 HB7 系列和 HB9 系列全封闭组合电器技术的基础上，又融合了其他公司产品的一些优点，再结合我国电力系统的实际情况，自行设计开发的封闭式组合电器。

ZF11-252（L）型 GIS 为分箱式结构，母线为共箱式结构，各元件已形成标准化，可按用户提出的不同主接线要求进行组合。平高电气还推出了块式结构整体运输 GIS 产品，它把 GIS 每个间隔中的断路器及两侧的 TA、隔离开关、接地开关和连接筒体，甚至电缆终端与现场汇控柜有机结合在一起，二次电缆在厂内全部配置完毕，和电动机构相配的接口采用德国插入式电缆连接器，插接二次电缆方便。SF$_6$ 气室密封性能、水分含量已在厂内测试合格，GIS 全部试验在厂内一次做完，无须拆卸，整体出厂，到现场只需间隔间对接，减少了现场安装的工作量，缩短了工程周期。

图 9-1 所示的是 ZF11-252（L）型 GIS 装置一个线路间隔的设备图。在图中，上层自左向右分别布置了出线套管、TV、线路接地开关、线路隔离开关、断路器线路侧接地开关、TA、断路器，中层布置了 2 组母线隔离开关和断路器母线侧接地开关，下层布置了 2 组母线，图 9-1 最右边的柜子是该间隔的汇控柜。

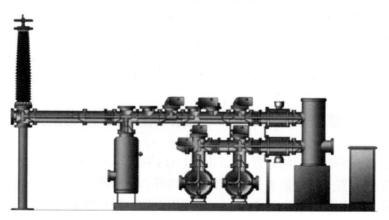

图 9-1　ZF11-252（L）型 GIS 装置一个线路间隔的设备图

二、ZF11-252（L）型 GIS 断路器的控制回路

1. 电动弹簧操动机构原理

ZF11-252（L）型 GIS 的断路器可选配液压弹簧操动机构或电动弹簧操动机构。本节介绍电动弹簧操动机构，机构工作原理是电动机转动使合闸弹簧储能，在合闸时合闸弹簧释放能量，释放的同时给分闸弹簧储能。合闸完成后，电动机立刻给合闸弹簧储能，以备下一次合闸，至少具备一次重合闸功能，所以无专门的重合闸闭锁触点引出。

2. 断路器本体上远方/就地切换回路设计的规范问题

对这个问题存在不同看法，在实际生产中也有两种做法。

一种是如南方电网调〔2010〕8 号文明确规定"保护和监控系统分、合断路器，应经远方/就地切换开关控制"，要求"当远方/就地切换开关处于'远方'位置时，保护

和监控系统才可对断路器进行分、合闸操作；当断路器检修，远方/就地切换开关处于'就地'位置时，断开保护和监控系统分、合断路器的控制回路，断路器由就地操作，以有效保障检修人员的人身安全"。

另一种则要求"保护分闸回路不经就地/远方切换开关"，其目的是防止当远方/就地切换开关置于"就地"位置时，线路保护动作可能会启动失灵保护造成事故扩大等。

3. 断路器操作闭锁问题

一般认为断路器操作不应有逻辑闭锁，不过有些厂家如西高所，认为应在断路器合闸回路中增加隔离开关合闸到位闭锁条件，其理由是：当隔离开关未合闸到位时断路器进行合闸，这时隔离开关的闭锁条件启动，可能会使隔离开关一直处于半合位置，无法合上，容易烧损隔离开关。

此外，对于断路器操作回路考虑到就地合闸不能实现同期合闸，可将两侧相邻隔离开关断开作为就地合闸的闭锁条件。

三、ZF11-252（L）型 GIS 隔离开关的控制闭锁回路

ZF11-252（L）型 GIS 隔离开关本体为三相分箱式，三相本体靠相间轴连接，电动操动机构和隔离开关的边相本体是通过中间的过渡连接筒及其内部的花键轴和联轴节连接，从而带动三相本体实现三相机械联动操作。

传统的隔离开关电动操动机构大都采用蜗轮蜗杆传动形式，存在体积较大、对本体冲击较严重的缺点，有一定运行隐患，不少厂家都在研制和改进操动机构。平高电气的 ZF11-252（L）型 GIS 线路间隔的三组隔离开关都使用了新型的快速电动操动机构 CJK。

图 9-2 所示的是配置 CJK 型操动机构的 220kV 隔离开关 QSF1 控制闭锁回路，QSF1 是指断路器Ⅰ母隔离开关，其中的 F 表示是快速隔离开关。

在图 9-2 中，左侧是隔离开关操动机构的电动机回路，右侧是隔离开关控制闭锁回路和分合闸指示回路，虚线框内的元件安装在隔离开关机构箱内，虚线框外的元件则统一安装于汇控柜内。在 M1 与 N1 之间接防误闭锁回路以防止误操作。当现场需要对该电动机构单独调试时，可用 SK3 进行解锁。

1. 就地电动操作

这里以 QSF1 的就地电动合闸操作为例分析一下操动机构的工作原理。

（1）控制电源。在图 9-2 中，左上角的 A41 是相线，正常时带电；A41R、A41L 也是相线，但是否带电由远方/就地切换开关 SK2 决定（SK2 在电源回路，图 9-2 中未画出），当 SK2 处于"远方"位置时 A41R 带电，当 SK2 处于"就地"位置时 A41L 带电；左下角的 N 则是中性线。

（2）就地电动合闸控制回路。当远方/就地切换开关 SK2 处于"就地"位置时，在汇控柜上将 QSF1 的分合闸控制开关 SM1 切至合闸位置，合闸控制回路相线 A41L→WFS1（1，2）→SM1（1，2）→X4:11→KA（21，22）→KE 线圈→SL1（1，2）→SL3（1，2）→X4:14→X4:16→（M1，N1）→X4:20→X4:21→N 接通，合闸接触器 KE 得电吸合。KE 的动合触点（13，14）接通，实现合闸命令自保持。

（3）电动机回路。在电动机回路，KE 的动合主触点（1，2）、（3，4）、（5，6）接

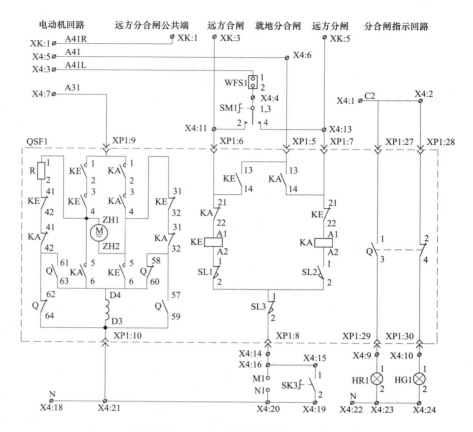

图 9-2　隔离开关 QSF1 控制闭锁回路（CJK 型操动机构）

HR1—合闸位置指示灯；HG1—分闸位置指示灯；KA—分闸接触器；KE—合闸接触器；M—交直流两用电动机；

Q—隔离开关辅助开关；SK3—闭锁/解锁切换开关；SL1—合闸限位行程开关；SL2—分闸限位行程开关；

SL3—分闸限位形成开关；SM1—就地分合闸控制开关；WFS1—电编码锁

通，交直流两用电动机 M 就开始运转。电动机轴功率通过齿轮传递到传动机构，机构经三级齿轮传动减速后，输出轴转动带动本体动触头合闸。在输出轴达到预期的转角时，输出轴上的四连杆机构带动辅助开关触点切换，给出本体的位置信号。此时，输出轴上的凸轮触动合闸控制回路的行程开关 SL1，SL1 的动断触点（1，2）断开切断合闸控制回路，合闸接触器 KE 的主触点复位断开，电动机 M 断电，电阻刹车回路导通以消耗回路中的电枢能量。行程开关作用很重要，如果失灵会造成电动机回路无法及时切断而烧毁电动机。

2. 远方电动操作

仍以合闸操作为例。远方电动合闸操作时，除合闸命令是从 XK:1 和 XK:3 之间接入外，其余部分和就地电动操作是一样的。

3. 就地手动操作

操动机构可以使用摇把进行手动操作，当摇把插入机构后，摇把会触动行程开关 SL3 来切断电动分合闸回路，保证无法进行电动操作，以确保安全。

Ⅱ母隔离开关 QSF2 和Ⅰ母隔离开关 QSF1 一样为 CJK 型操动机构，控制回路也相同，电动机功率均为360W。

四、ZF11-252（L）型 GIS 快速接地开关 QEF 的控制闭锁回路

接地开关分成普通接地开关和快速接地开关。

普通接地开关配置在断路器两侧隔离开关旁边，检修时合上，恢复时拉开，仅起到断路器检修时两侧接地的作用，确保人身安全。普通接地开关一般配置电动操作机构，三极实现联动操作。

快速接地开关除具有普通接地开关的特性外，具有关合线路短路电流和切合线路感应电流的能力，保护 GIS 免受烧损。快速接地开关配置在出线回路的出线隔离开关靠线路一侧。当线路接地故障被切除后，会由相邻运行线路供电形成故障线路的潜供电流，利用快速接地开关的关合，可消除潜供电流，再快速断开接地开关，确保线路自动重合闸能成功。快速接地开关配置弹簧操动机构，三极实现联动操作。

普通接地开关的合闸时间不大于 7ms，而快速接地开关的合闸速度为 2.8±0.5m/s，后者的合闸速度要快得多。图 9-3 所示为配置弹簧操动机构的快速接地开关 QEF 的控制闭锁回路。图中，电动机回路相对简单，合闸控制回路同 QSF1。

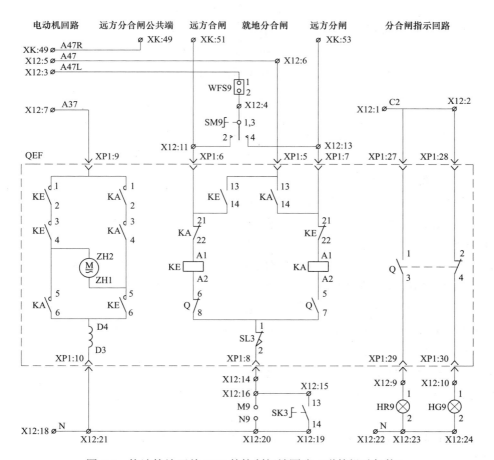

图 9-3　快速接地开关 QEF 的控制闭锁回路（弹簧操动机构）

第二节　220kV 线路间隔 GIS 设备的信号

GIS 设备的主要部件都安装在密封的金属筒内，并依靠 SF$_6$ 气体绝缘和灭弧，因此 SF$_6$ 气体的压力监视成为很重要的问题，气室的压力信号是 GIS 设备日常运行中应特别关注的信号。由于 GIS 设备与 AIS 设备在常规信号方面大致相同，本节只重点介绍 GIS 设备中的 SF$_6$ 气体压力信号。

一、线路间隔气室分隔

GIS 装置母线和各间隔均划分成不同的 SF$_6$ 气隔，所谓气隔是指在 GIS 内部相同压力或不同压力的电气元件的气室之间设置的使气体互不相通的密封间隔，每一气隔都装有密度继电器。与单纯的压力表只起监视作用不同，密度继电器是起控制和保护作用的。当 SF$_6$ 气体压力降低到报警值时，能发出补气信号或提供闭锁触点。因此，与 AIS 线路间隔相比较，GIS 线路间隔增加了很多 SF$_6$ 气体压力信号。

此例中 ZF11-252（L）的线路间隔共安装了 10 只密度继电器，各密度继电器所对应的分隔气室为：

（1）GP1A、GP1B、GP1C 分别对应断路器 A、B、C 三相气室。

（2）GP2 对应 I 母隔离开关 QSF1 气室。

（3）GP3 对应 II 母隔离开关 QSF2 和断路器母线侧接地开关气室。

（4）GP4 对应线路隔离开关、断路器线路侧接地开关、线路接地开关和 TA 气室。

（5）GP5 对应出线套管和带电显示装置气室。

（6）GP6 对应线路 TV 气室。

（7）GP7 对应 I 母部分气室。

（8）GP8 对应 II 母部分气室。

二、SF$_6$ 低气压报警信号及闭锁回路

低气压报警信号数量很多，一般需要先进行组合以求简明，组合方式各工程有所不同，这里是分成两路低气压报警信号。图 9-4 所示是线路间隔 SF$_6$ 低气压报警及闭锁回路图，图中的 GP× 是密度继电器，KZ2、KZ3 是中间继电器，HL3、HL4、HL5 是安装在汇控柜面板上的指示灯，K6、K8 分别是第一组、第二组气压低闭锁继电器。

以 GP2～GP8 的组合信号为例，当除断路器气室外的任一气室压力低于报警值时，相应密度继电器的动合触点（1，2）接通，KZ3 线圈励磁，其动合触点（11，14）接通，将汇控柜上的压力低报警指示灯 HL4 点亮；KZ3 的另一副动合触点（21，24）（图中未画出）接通，将气压低信号上送到变电站监控系统。

低气压闭锁信号是配置给三相断路器气室的。当任一相断路器气室压力降低到闭锁值时，第一组气压低闭锁继电器 K6 和第二组气压低闭锁继电器 K8 线圈励磁，将发生下列行为：

（1）K6 的动合触点（13，14）、K8 的动合触点（13，14）接通，将汇控柜上的压力低闭锁报警指示灯 HL5 点亮。

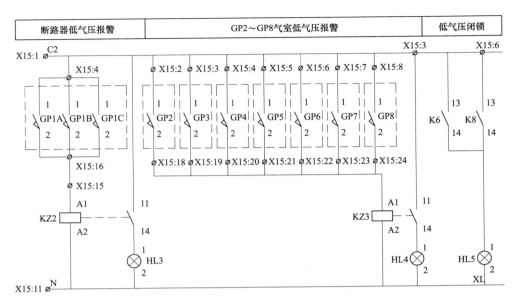

图 9-4　线路间隔 SF_6 低气压报警及闭锁

（2）K6 的动合触点（43，44）、K8 的动合触点（43，44）接通，将压力低闭锁信号上送到变电站监控系统。

（3）K6 的动断触点（21，22）断开，断开断路器合闸回路，闭锁合闸。

（4）K6 的动断触点（31，32）断开，断开断路器第一组分闸回路，闭锁分闸。

（5）K8 的动断触点（31，32）断开，断开断路器第二组分组回路，闭锁分闸。

参 考 文 献

[1] 张春雨．GIS 二次设计介绍及总结 [J]．水电厂自动化，2008，29（4）：106-108．

[2] 李宗宇．ZF11-252（L）型断路器控制回路安全隐患分析 [J]．四川电力技术，2012，35（5）：77-80．

[3] 王松，王海燕．一种用于 GIS 隔离开关的新型电动操动机构研发 [J]．高压电器，2016，52（6）：167-171．

[4] 曹云龙，付伟峰，杨俊朋．GIS 隔离开关用 CJK 电动机构故障分析 [J]．电工技术，2011，（4）：67-69．

附录 小雨2116线间隔电缆清单

小雨2116线间隔电缆清单

编号	起点	终点	芯数×截面	使用芯数	备 注
1E-100	线路测控屏屏后左侧	断路器端子箱	4×4	4	A451 B451 C451 N451
1E-101	线路测控屏屏后左侧	断路器端子箱	19×2.5	19	QFA QFB QFC QS1 QS2 QS3 QSE1 QSE31 QSE32（合位+分位） 801
1E-102	线路测控屏屏后左侧	断路器端子箱	14×2.5	11	839 841 843 845 847 849 851 853 855 857 859
EMB-103	220kV 大电流试验端子屏	断路器端子箱	4×4	4	A320 B320 C320 N320
1E-103	线路测控屏屏后左侧	断路器端子箱	19×2.5	15	881 K1G K1GF KIGH 883 884 K2GF K2GH K2GB K2GB″ K3G K3GF K3GH 885 886
1E-104	第一块线路保护屏屏后左侧	断路器端子箱	4×4	4	A411 B411 C411 N411
1E-105	第二块线路保护屏屏后右侧	断路器端子箱	4×4	4	A421 B421 C421 N421
1E-106	第二块线路保护屏屏后左侧	断路器端子箱	24×1.5	19	901 101 109A 109B 109C 107A 107B 107C 137A 137B 137C 106 102 102 102 57 59 61 63
1E-108	电能表重动继电器屏	断路器端子箱	4×2.5	3	102 65 67
1E-109	第二块线路保护屏屏后右侧	断路器端子箱	4×2.5	2	A602 N600（线路 TV）
1E-110	第二块线路保护屏屏后左侧	断路器端子箱	10×1.5	7	201 237A 237B 237C 202 202 202
EMB-113	220kV 母线保护屏	断路器端子箱	4×2.5	3	51 52 53
1E-130	第一块线路保护屏屏后右侧	线路测控屏屏后左侧	4×2.5	2	A602 N600
1E-131	电能表屏	电能表重动继电器屏	4×6	4	A720′ B720′ C720′ N600
EMB-133	第二块线路保护屏屏后左侧	220kV 母线保护屏	7×1.5	4	201 301 R133 233
1E-133	第一块线路保护屏屏后右侧	线路测控屏屏后左侧	14×1.5	11	801 881 863 875 867 865 879 877 873 869 871
1E-134	第二块线路保护屏屏后左侧	线路测控屏屏后左侧	4×2.5	3	A720 B720 C720
1E-135	第二块线路保护屏屏后左侧	线路测控屏屏后左侧	10×1.5	7	801 885 883 861 865 881 887
1E-135A	第二块线路保护屏屏后左侧	线路测控屏屏后左侧	10×1.5	6	133 101 106 136 102 103（手动 KK 分合闸）

编号	起点	终点	芯数×截面	使用芯数	备注
1E-136	第一块线路保护屏屏后左侧	第二块线路保护屏屏后右侧	7×1.5	4	A 相启动失灵 1 B 相启动失灵 1 C 相启动失灵 1 公共端 1
1E-137	第一块线路保护屏屏后右侧	第二块线路保护屏屏后右侧	4×2.5	2	A602 N600
1E-138	第一块线路保护屏屏后右侧	第二块线路保护屏屏后右侧	7×2.5	6	15D59 公共端 沟通三跳 A 跳 B 跳 C 跳
1E-139	第一块线路保护屏屏后左侧	第二块线路保护屏屏后左侧	14×1.5	8	101 101′ 1D55 1D62 1D63 1D64 分闸 Q 端 分闸 R 端
1E-140	第一块线路保护屏屏后左侧	第二块线路保护屏屏后左侧	4×2.5	3	A720 B720 C720
1E-141	第一块线路保护屏屏后右侧	第二块线路保护屏屏后右侧	14×1.5	12	101 15D59 跳位 A 跳位 B 跳位 C KK 合后 135 137 15D65 15D69（启动三相不一致） 15D49（启动失灵） 105
1E-142	第一块线路保护屏屏后右侧	220kV 故障录波器屏	4×1.5	2	GPS+ GPS-
1E-143	第一块线路保护屏屏后左侧	220kV 故障录波器屏	7×1.5	5	公共端 A 跳 B 跳 C 跳 三跳
EMB-143	第一块线路保护屏屏后右侧	220kV 母线保护屏	4×1.5	2	09 07
1E-144	第一块线路保护屏屏后左侧	220kV 故障录波器屏	4×1.5	2	GPS+ GPS-
1E-145	第一块线路保护屏屏后右侧	220kV 故障录波器屏	4×1.5	3	公共端 保护动作 重合闸动作
1E-146	第二块线路保护屏屏后右侧	220kV 故障录波器屏	4×4	4	A422 B422 C422 N422
1E-147	第二块线路保护屏屏后右侧	220kV 故障录波器屏	4×1.5	4	公共端 A 跳 B 跳 C 跳
1E-149	第二块线路保护屏屏后左侧	220kV 故障录波器屏	4×1.5	4	公共端 A 跳 B 跳 C 跳
1E-150	第二块线路保护屏屏后右侧	220kV 故障录波器屏	4×1.5	2	公共端 对时
1E-151	电能表屏	线路测控屏屏后左侧	4×4	4	A452 B452 C452 N451
1E-180	A 相 TA 端子箱	断路器端子箱	10×4	10	A411 N411 A421 N421 A320 N320 N441 N441 A451 N451
1E-181	B 相 TA 端子箱	断路器端子箱	10×4	10	B411 N411 B421 N421 B320 N320 N441 N441 B451 B451
1E-182	C 相 TA 端子箱	断路器端子箱	10×4	10	C411 N411 C421 N421 C320 N320 N441 N441 C451 N451
1E-183	QS1 机构箱	断路器端子箱	14×2.5	13	A881 B881 C881 881 N 891 K1G K1GF K1GH 883 884″ K2GB K2GB″
1E-185	QS1 机构箱	断路器端子箱	10×2.5	9	801 815 817 101 57 59 65 51 52

编号	起点	终点	芯数×截面	使用芯数	备　注
1E-186	QS2 机构箱	断路器端子箱	14×2.5	14	A881 B881 C881 881 N 891 K1G K1GF K1GH 884 884″ K2GF K2GH K2GB″
1E-187	QS2 机构箱	断路器端子箱	10×2.5	9	801 819 821 101 61 63 67 51 53
1E-189	QS3 机构箱	断路器端子箱	4×2.5	2	827 829
1E-190	QS3 机构箱	断路器端子箱	14×2.5	11	A881 B881 C881 881 N 891 K3G K3GF K3GH 885 886″
1E-192	QSE32 机构箱	断路器端子箱	4×2.5	3	801 835 837
1E-192A	QSE32 机构箱	断路器端子箱	4×2.5	2	886″ 886‴
1E-193	QSE31 机构箱	断路器端子箱	4×2.5	3	801 831 833
1E-193A	QSE31 机构箱	断路器端子箱	4×2.5	2	886′ 886″
1E-194	QSE1 机构箱	断路器端子箱	4×2.5	3	801 823 825
1E-194A	QSE1 机构箱	断路器端子箱	4×2.5	4	884′ 884″ K2GB′ K2GB″
1E-195	线路 TV 端子箱	断路器端子箱	4×2.5	2	A602 N602
1E-196	线路 TV 端子箱	断路器端子箱	4×2.5	2	881 859
1E-197	断路器机构箱	断路器端子箱	19×2.5	18	801 803 805 807 809 811 813 839 841 843 845 847 849 851 853 855 857 901
1E-198	断路器机构箱	断路器端子箱	7×2.5	6	884 884′ K2GB K2GB′ 886 886′
1E-199A	断路器机构箱	断路器端子箱	10×2.5	7	201 237A 237B 237C 202 202 202
1E-199	断路器机构箱	断路器端子箱	19×2.5	14	101 109A 109B 109C 107A 107B 107C 137A 137B 137C 106 102 102 102
1E-200	断路器机构箱	断路器端子箱	4×4	4	A871 B871 C871 N